教育部职业教育与成人教育司
全国职业教育与成人教育教学用书行业规划教材
"十二五"职业院校计算机应用互动教学系列教材

- **双模式教学**
  通过丰富的课本知识和高清影音演示范例制作流程双模式教学，迅速掌握软件知识

- **人机互动**
  直接在教学系统中模拟练习，每一步操作正确与否，系统都会给出提示，巩固每个范例操作方法

- **实时评测**
  本书安排了大量课后评测习题，可以实时评测对知识的掌握程度

中文版
3ds Max 2016

编著/黎文锋　周萍萍

附赠资料
本书相关范例的练习文件、视频文件，3个综合项目文件

互动教程

☑ **双模式教学** ＋ ☑ **人机互动** ＋ ☑ **实时评测**

海洋出版社
2016年·北京

内 容 简 介

本书是以互动教学模式介绍 3ds Max 2016 的使用方法和技巧的教材。本书语言平实，内容丰富、专业，并采用了由浅入深、图文并茂的叙述方式，从最基本的技能和知识点开始，辅以大量的上机实例作为导引，帮助读者在较短时间内轻松掌握中文版 3ds Max 2016 的基本知识与操作技能，并做到活学活用。

本书内容：全书共分为 8 章，着重介绍了 3ds Max 2016 应用基础、入门技能、基础建模、创建图形与复合对象、修改器与曲面建模、动画创作的基本应用、创作动画的高级应用及灯光、材质和渲染的应用等知识。

本书特点：1. 突破传统的教学思维，利用"双模式"交互教学系统，学生既可以利用教学系统中的视频文件进行学习，同时可以在教学系统中按照步骤提示亲手完成实例的制作，真正实现人机互动，全面提升学习效率。2. 基础案例讲解与综合项目训练紧密结合贯穿全书，书中内容结合三维动画设计软件应用职业资格标准认证考试量身定做，学习要求明确，知识点适用范围清楚明了，使学生能够真正举一反三。3. 有趣、丰富、实用的上机实习与基础知识相得益彰，摆脱传统计算机教学僵化的缺点，注重学生动手操作和设计思维的培养。4. 每章后都配有评测习题，利于巩固所学知识和创新。

适用范围：适用于全国职业院校三维动画专业课教材、社会三维动画培训班教材，以及各行各业涉及使用此软件的人员作为参考书。

特别说明：请到 http://pan.baidu.com/s/1bpwRDhH 下载本书素材库，素材库中包含本书范例素材、视频、3 个综合项目设计等内容。

图书在版编目 (CIP) 数据

中文版 3ds Max 2016 互动教程/黎文锋，周萍萍编著. —北京：海洋出版社，2016.6
ISBN 978-7-5027-9455-2

Ⅰ. ①中… Ⅱ. ①黎… ②周… Ⅲ. ①三维动画软件—教材 Ⅳ. ①TP391.41

中国版本图书馆 CIP 数据核字（2016）第 100217 号

总　策　划：刘　斌	**发 行 部**：(010) 62174379（传真）(010) 62132549
责任编辑：刘　斌	(010) 68038093（邮购）(010) 62100077
责任校对：肖新民	**网　　址**：www.oceanpress.com.cn
责任印制：赵麟苏	**承　印**：北京华正印刷有限公司
排　　版：海洋计算机图书输出中心　晓阳	**版　次**：2016 年 6 月第 1 版
	2016 年 6 月第 1 次印刷
出版发行：海洋出版社	**开　本**：787mm×1092mm　1/16
地　　址：北京市海淀区大慧寺路 8 号（716 房间）	**印　张**：17.25
100081	**字　数**：414 千字
经　　销：新华书店	**印　数**：1~4000 册
技术支持：(010) 62100055	**定　价**：38.00 元

本书如有印、装质量问题可与发行部调换

前　言

3ds Max 2016 中文版是 Autodesk 官方针对中国用户开发的一款三维动画设计软件，它提供了到目前为止功能最强、最丰富的工具集，无论美工人员所在的行业有什么需求，都能为他们提供所需的三维工具来创建富有灵感的作品。

全书共分为 8 章，由浅入深地介绍了 3ds Max 的基础知识、视口布局、场景导航和对象选择、创建几何基本体和图形、应用复合对象、使用修改器进行建模、创建基本动画和角色动画，以及应用材质和贴图并渲染产品等方法。

本书是"十二五"职业院校计算机应用互动教学系列教程之一，具有该系列图书轻理论重训练的主要特点，并以"双模式"交互教学系统为重要价值体现。本书的特点主要体现在以下方面：

- 高价值内容编排：本书内容依据职业资格认证考试 3ds Max 考纲的内容，有效针对 3ds Max 认证考试量身定做。通过本书的学习，可以更有效地掌握针对职业资格认证考试的相关内容。
- 理论与实践结合：本书从教学与自学出发，以"快速掌握软件的操作技能"为宗旨，书中不但系统、全面地讲解软件功能的概念、设置与使用，并提供大量的上机练习实例，读者可以亲自动手操作，真正做到理论与实践相结合，活学活用。
- 交互多媒体教学：本书附送多媒体交互教学系统，其中除了附带书中所有实例的练习素材外，还有实例演示、模拟训练、评测题目三部分内容，让读者可以跟随系统学习和操作。
  - ➢ 实例演示：将书中各个实例进行全程演示并配合清晰的语音讲解，让读者体会到身临其境的课堂训练感受。
  - ➢ 模拟训练：以书中实例为基础，但使用了交互教学的方式，读者可以根据书中讲解，直接在教学系统中操作，亲手制作出实例的结果，深刻地掌握各种操作方法，达到上机操作、无师自通的目的。
  - ➢ 教学系统：提供了考核评测题目，让读者除了从教学中轻松学习知识之外，更可以通过题目评测自己的学习成果。

本书不仅可以让初学者迅速入门和提高，也可以帮助中级用户提高电脑建模和创作动画的技能，还能在一定程度上协助高级用户更全面地了解 3ds Max 的功能应用和高级技巧，并通过大量的上机练习，让读者可以活学活用，快速掌握软件应用，是一本专为职业学校，社会培训班，广大三维建模的初、中级读者量身定制的培训教程和自学指导书。

本书是广州施博资讯科技有限公司策划，由黎文锋、周萍萍编著，参与本书编写与范例设计工作的还有李林、黄活瑜、梁颖思、吴颂志、梁锦明、林业星、黎彩英、周志苹、李剑明、黄俊杰、李敏虹、黎敏、谢敏锐、李素青、郑海平、麦华锦、龙昊等，在此一并谢过。在本书的编写过程中，我们尽管精益求精，但难免存在一些不足之处，敬请广大读者批评指正。

编者

目　录

第 1 章　3ds Max 2016 应用基础

学习目标

3ds Max 2016 中文版是 Autodesk 官方开发的基于 PC 系统的三维动画渲染和制作软件。通过本章的学习，可以对 3ds Max 2016 有整体的认识，并掌握该款软件的安装与使用、外观界面、文件管理及使用模板等方法，为后续的三维设计学习打下坚实的基础。

学习重点

- ☑ 安装、激活与启动 3ds Max 2016 程序
- ☑ 3ds Max 2016 用户界面概述
- ☑ MAX 文件的管理
- ☑ 使用与管理模板
- ☑ 自定义用户界面

1.1　安装与激活 3ds Max 2016

在安装 3ds Max 2016 之前，首先必须查看系统需求、了解管理权限需求，并且要找到 3ds Max 2016 的序列号并关闭所有正在运行的应用程序。完成上述任务之后，就可以安装 3ds Max 了。本节先了解程序对系统的安装需求，然后介绍详细的安装与激活方法。

1.1.1　3ds Max 2016 安装要求

在安装 3ds Max 2016 前，首要任务是确保计算机满足最低系统要求，否则在 3ds Max 内和操作系统级别上可能会出现问题。3ds Max 2016 的硬件和软件需求如表 1-1 所示。

表 1-1　3ds Max 2016 安装要求

操作系统	• Microsoft Windows 7 SP1 • Microsoft Windows 8/8.1 或更高版本
中央处理器	• 64 位的英特尔或 AMD 多核处理器
内存	• Windows 7/Windows 8：4 GB RAM（推荐 8 GB）
显示器	• 1024×768 真彩色显示器（推荐 1600×1050 真彩色显示器）支持 1024×768 分辨率和真彩色功能的 Windows 显示适配器
硬盘	• 6 GB 安装空间
浏览器	• Autodesk 建议下面的 Web 浏览器的最新版本： • 苹果电脑公司 Safari • 谷歌浏览器 • 微软 Internet Explorer 浏览器 • Mozilla 的 Firefox 浏览器

3D 建模其他要求	• Intel Pentium 4 或 AMD Athlon 处理器，3.0 GHz 或更高；或者 Intel 或 AMD Dual Core 处理器，2.0 GHz 或更高 • 8 GB RAM 或更大 • 8 GB 硬盘安装空间 • 1280×1024 32 位彩色视频显示适配器（真彩色），具有 128 MB 或更大显存，且支持 Direct 3D 的工作站级图形卡 • 提供系统打印机和 HDI 支持

1.1.2 安装 3ds Max 2016 程序

下面以 Autodesk 3ds Max 2016 多国语言单机版（64 位）为例，介绍安装 3ds Max 程序的操作过程。

"单机版"就是将应用程序安装在当前使用的电脑中，而不需要通过连接互联网来进行使用。在 3ds Max 安装向导中包含了与安装相关的所有资料，通过安装向导可以访问用户文档，更改安装程序语言，选择特定语言的产品，安装补充工具以及添加联机支持服务。

动手操作　安装 3ds Max 2016 单机版程序

1 将装有 3ds Max 2016 应用程序的 DVD 光盘插进光驱，此时光盘自动播放，稍等片刻即可出现【安装向导】窗口。如果安装程序已经在电脑磁盘，则可以双击【Setup.exe】安装程序文件。

2 打开【安装向导】窗口后，可以在窗口右上方选择安装说明的语言，默认状态下会自动选择"中文（简体）"，接着单击【安装】按钮，如图 1-1 所示。

3 打开【许可协议】页面后，阅读适用于用户所在国家/地区的 Autodesk 软件许可协议，然后选择【我接受】单选按钮，再单击【下一步】按钮，如图 1-2 所示。

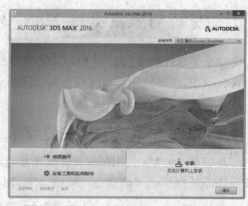

图 1-1　通过向导安装 3ds Max 2016 程序

图 1-2　接受软件的许可协议

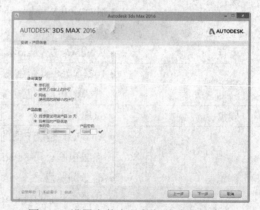

图 1-3　设置安装产品的相关选项和信息

4 此时会出现【产品信息】页面，用户需要在页面上选择安装产品的语言和产品类型（安装单机版可选择【单机版】单选按钮），然后输入序列号和产品密钥等信息（如果没有上述信息可选择【我想要试用该产品 30 天】单选按钮），接着单击【下一步】按钮，如图 1-3 所示。

5 打开【配置安装】页面后，选择要安装的产品。选择安装的产品选项后，在【安装路径】上输入需要保存安装文件的文件路径，或者单击【浏览】按钮指定安装目录。完成后，单击【安装】按钮，如图 1-4 所示。

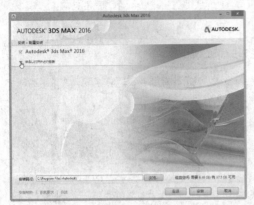

图 1-4　配置安装产品

6 此时安装向导将执行 3ds Max 2016 程序的安装工作，并会显示当前安装的文件和整体进度，如图 1-5 所示。

7 在安装一段时间后，即可完成 3ds Max 2016 应用程序的安装。此时将显示如图 1-6 所示的【安装完成】页面，并显示各项成功安装的产品信息。最后单击【完成】按钮即可。

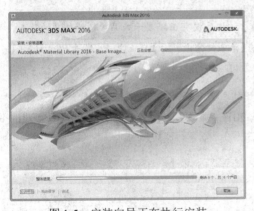

图 1-5　安装向导正在执行安装　　　　　　　　图 1-6　安装完成

1.1.3　激活 3ds Max 2016 程序

安装 3ds Max 2016 应用程序后，还需要激活应用程序，以便可以永久性使用 3ds Max 2016。如果不激活应用程序，则只能试用 30 天。

动手操作　激活 3ds Max 2016 程序

1 通过【开始】菜单启动 3ds Max 2016 应用程序，此时程序将先进行初始化，完成后将显示【Autodesk Privacy Statement（隐私声明）】界面，如图 1-7 所示。

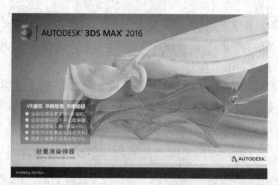
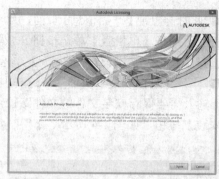

图 1-7　启动程序并进行初始化

2 同意隐私声明后，即显示【请激活您的产品】页面，如果暂时不激活，则可以单击【试用（Try）】按钮进行试用。如果需要激活程序，则可以单击【激活（Activate）】按钮，如图 1-8 所示。

3 进入【产品许可激活选项】页面后，将显示产品完整信息和申请号信息，此时用户可以通过联网激活产品，也可以使用 Autodesk 提供的激活码激活产品。如图 1-9 所示为使用激活码的方法，当输入激活码后，单击【下一步（Next）】按钮。

图 1-8　激活产品

 如果用户第一次单击【激活（Activate）】按钮后没有出现显示产品申请号信息的页面，则可以单击【关闭（Close）】按钮，再次通过【请激活您的产品】页面单击【激活（Activate）】按钮。

4 正确输入激活码后，可以成功激活 3ds Max 2016，将显示【感谢您激活】页面，此时只需单击【完成（Finish）】按钮即可，如图 1-10 所示。

图 1-9　输入产品激活码

图 1-10　成功激活产品

1.1.4　启动与退出 3ds Max 2016

1. 选择初始版本

激活 3ds Max 2016 程序后，程序将继续启动并允许用户选择初始使用的版本。其中可以选择【经典（Classic）】版本和【设计（Design）】版本，如图 1-11 所示。

完成选择后弹出【数据收集和使用】窗口，此时单击【OK】按钮即可，如图 1-12 所示。

图 1-11　选择初始版本

图 1-12　数据收集和使用

> **问：** 上述两个版本有什么区别？
>
> **答：** 经典版又称标准版，主要应用于建筑、影视、游戏、动画方面；设计版又称为建筑工业版，主要应用在建筑、工业、制图方面，在灯光方面有改进。

2. 启动简体中文版程序

完成上述处理后，程序即启动完成。默认初次启动是英文版的 3ds Max 2016，如果要使用简体中文版，则可以关闭英文版程序，然后在【开始】菜单（Windows 7）或【开始】应用界面（Windows 8）中选择【3ds Max 2016 - Simplified Chinese】程序，即可打开简体中文版的 3ds Max 2016 程序，如图 1-13 所示。

图 1-13　启动简体中文版的 3ds Max 2016 程序

3. 退出 3ds Max 2016

当需要退出 3ds Max 2016 程序时，可以单击程序界面右上角的【关闭】按钮 █×，或者单击【菜单浏览器】按钮，再单击【退出 3ds Max】按钮即可。

1.2　3ds Max 2016 用户界面

要学习使用 3ds Max 2016，就要先了解其用户界面。

1.2.1　欢迎屏幕

在默认情况下，启动 3ds Max 2016 程序后会首先显示欢迎屏幕。它提供了学习信息、创建新场景或打开最近使用的文件的方法，并且可用于访问适用于 3ds Max 的各种 Autodesk 资源。

1. 学习

【学习】页面提供 1 分钟启动影片列表及其他学习资源，包括指向 3ds Max 学习频道、3ds Max 学习路径和可下载示例文件的链接，如图 1-14 所示。

图 1-14　【学习】页面

 当选择 1 分钟启动影片时，将转到一个网页来观看该影片，这需要 Internet 连接。

2. 开始

【开始】页面允许打开最近使用的文件，或创建新场景。可以从列出的最近使用的文件中进行选择，或单击【浏览】按钮以搜索不同文件，如图 1-15 所示。

图 1-15　【开始】页面

3. 扩展

【扩展】页面提供途径来扩展 3ds Max 的相关功能,如图 1-16 所示。例如,可以搜寻 Autodesk Exchange 商店提供的其中一个精选应用,以及有用的 Autodesk 资源的列表,包括 Autodesk 360 和 The Area。

 如果要设置下次启动 3ds Max 时不显示欢迎屏幕,可以在该屏幕中取消选择【在启动时显示此欢迎屏幕】复选框。

图 1-16　【扩展】页面

1.2.2　3ds Max 界面概述

如图 1-17 所示为初始默认工作区下的 3ds Max 用户界面,其各个组成部分说明如下。

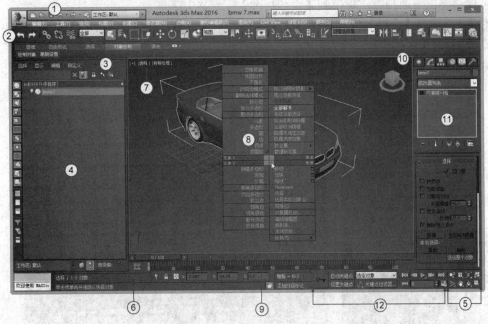

图 1-17　3ds Max 用户界面

- 快速访问工具栏：提供文件处理功能和撤销或重做命令，以及一个下拉列表，用于切换不同的工作空间界面。
- 主工具栏：提供 3ds Max 中许多最常用的命令。
- 功能区：包含一组工具，可用于建模、绘制到场景中以及添加人物。
- 场景资源管理器：用于在 3ds Max 中查看、排序、过滤和选择对象，还可重命名、删除、隐藏和冻结对象，创建和修改对象层次，以及编辑对象属性。
- 视口导航：使用这些按钮可以在活动视口中导航场景。
- 状态栏控件：显示有关场景和活动命令的提示和状态信息。提示信息右侧的坐标显示字段可用于手动输入变换值。
- 视口标签菜单：视口标签用于更改各个视口显示内容的菜单，其中包括观察点（POV）和明暗样式。
- 四元菜单：在活动视口中任意位置（除了在视口标签上）单击鼠标右键，将显示四元菜单。四元菜单中可用的选项取决于选择。
- 时间滑块：允许沿时间轴导航并跳转到场景中的任意动画帧。可以通过右键单击时间滑块，然后从【创建关键点】对话框选择所需的关键点，快速设置位置和旋转或缩放关键点。
- 视口：可从多个角度显示场景，并预览照明、阴影、景深和其他效果。
- 命令面板：可以访问提供创建和修改几何体、添加灯光、控制动画等功能的工具。
- 动画控件：可以创建动画，并在视口内播放动画。

1.2.3 【设计标准】工作区

通过【设计标准】工作区可以访问许多常用的 3ds Max 功能，并且可以轻松访问帮助资源和其他学习资源。该工作区的组织方式对初次使用 3ds Max 的人来说特别有用。

可以通过以下两种方法切换到【设计标准】工作区。

方法 1 选择【帮助】|【欢迎屏幕】命令打开欢迎屏幕，然后在【开始】页面中选择使用【设计标准】工作区的模板。

方法 2 在【快速访问】工具栏中打开【工作区】下拉列表，然后选择【设计标准】选项，如图 1-18 所示。

图 1-18 切换到【设计标准】工作区

在【设计标准】工作区的功能区中，提供了 8 个选项卡并将常用的功能集合到这些选项卡内，如图 1-19 所示。

- 【快速入门】选项卡：提供用于自定义 3ds Max、启动新场景（包括使用其他文件中的几何体）以及访问学习资源的工具。
- 【对象检查】选项卡：提供用于浏览场景几何体和用于控制对象在视口中显示的工具。
- 【基本建模】选项卡：提供用于创建新几何体的工具。
- 【材质】选项卡：提供用于创建或编辑材质并管理它们的工具。
- 【对象放置】选项卡：提供用于移动和放置对象的工具。
- 【填充】选项卡：提供用于将动画行人和空闲人添加到场景的工具。
- 【视图】选项卡：提供用于控制视口显示以及用于创建摄影机的工具。
- 【照明和渲染】选项卡：提供用于添加灯光和创建渲染的工具。

图 1-19　功能选项卡

1.3　管理文件和模板

掌握新建、打开、保存文件、使用模板等基本管理方法，是学习 3ds Max 的入门技能。

1.3.1　新建场景

在 3ds Max 中，新建文件不再是传统图形软件中的新建文档的操作，而是称为"新建场景"。由于 3ds Max 设计工作的结果显示在场景中，因此完成场景处理后，将场景保存起来就成为了 3ds Max 文件。

通过【新建】场景的操作，可以清除当前场景的内容，而无须更改系统设置（视口配置、捕捉设置、材质编辑器、背景图像等）。

新建场景方法有以下 3 种：

方法 1　单击【快速访问】工具栏中的【新建场景】按钮，然后在打开的【新建场景】对话框中设置选项，再单击【确定】按钮，如图 1-20 所示。

方法 2　按 Ctrl+N 键。

方法 3　单击【菜单浏览器】按钮，然后打开【新建】菜单，选择一种新建场景的方式即可，如图 1-21 所示。

图 1-20　设置【新建场景】选项

图 1-21　通过【新建】菜单新建场景

9

【新建场景】选项说明如下：

● 新建全部：该选项是默认设置，可清除当前场景中的内容。

● 保留对象：保留场景中的对象，但移除动画关键点及对象之间的链接。

● 保留对象和层次：保留对象以及它们之间的层次链接，但删除任意动画关键点。

1.3.2 打开文件

3ds Max 中的文件类型包括场景文件、角色文件和 VIZ 渲染文件。

● 场景文件（MAX 文件）：该文件类型是完整的场景文件。

● 角色文件（CHR 文件）：是用"保存角色"方式保存的【角色集合】文件。

● VIZ 渲染文件（DRF 文件）：是 VIZ Render 中的场景文件，VIZ Render 是包含在 AutoCAD 建筑中的一款渲染工具。DRF 文件类型类似于使用 Autodesk VIZ 保存的 max 文件。

打开文件的方法有以下 4 种：

方法 1　在【快速访问】工具栏中单击【打开文件】按钮，通过【打开文件】对话框选择要打开的文件，再单击【打开】按钮。

方法 2　单击【菜单浏览器】按钮，再单击【打开】按钮，或者打开【打开】按钮，并选择【打开】命令，然后通过【打开文件】对话框选择要打开的文件，并单击【打开】按钮，如图 1-22 所示。

方法 3　按 Ctrl+O 键，再通过【打开文件】对话框选择要打开的文件，并单击【打开】按钮。

方法 4　单击【菜单浏览器】按钮，在【最近使用的文档】页面中单击要打开的文件即可，如图 1-23 所示。

图 1-22　打开 max 文件　　　　　　　　　　　图 1-23　打开最近使用的文件

1.3.3 保存与另存文件

1. 保存文件

保存文件的方法如下。

先执行以下任一操作，打开【文件另存为】对话框：

● 单击【菜单浏览器】按钮，再选择【保存】命令。

● 在【快速访问】工具栏上单击【保存】按钮。

● 按 Ctrl+S 键。

然后在【文件另存为】对话框中设置保存位置、文件名与文件类型，并单击【保存】按钮，这样文件即会保存到相应的文件夹，如图 1-24 所示。

 如果当前的文件已被保存过，那么执行【保存】命令将不会再出现【文件另存为】对话框，只会自动地以增量的方式保存该图形的相关编辑处理，新的修改会添加到保存的文件中。

图 1-24　保存文件

2. 另存文件

如果要将目前文件保存为一个新文件，而且不影响原文件，则可以单击【菜单浏览器】按钮，再选择【另存为】|【另存为】命令，或选择【另存为】|【保存副本为】命令，打开对话框后，用一个新名称或者新路径来另存该文件，如图 1-25 所示。

图 1-25　将文件另存为副本

1.3.4　使用和管理模板

1. 使用模板新建文件

模板可以快速处理要创建的某种场景。在 3ds Max 中，可以通过欢迎屏幕上【开始】页面的模板部分，选择各种场景设置，以快速开始处理新场景。如图 1-26 所示为使用【示例-水下】模板新建文件。

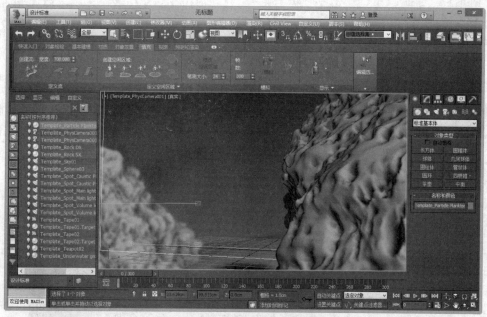

图1-26 【示例-水下】模板

2. 模板管理器

模板管理器可用于检查和编辑现有模板，或者添加新模板。打开【模板管理器】对话框后，在左侧可以选择可用的模板，右侧的字段描述高亮显示的模板，用户可以编辑这些描述，如图1-27所示。

图1-27 使用模板管理器

1.4 技能训练

下面通过多个上机练习实例，巩固所学技能。

1.4.1 上机练习 1：自定义用户界面

本例将介绍使用【自定义用户界面】对话框修改用户界面颜色设置的方法，包括视口背景颜色、视口渐变背景颜色、主题颜色方案等，完成设置后将保存自定义的颜色文件，以备后用。

操作步骤

1 启动 3ds Max 程序，选择【自定义】|【自定义用户界面】命令，如图 1-28 所示。

2 打开【自定义用户界面】对话框后，选择【颜色】选项卡，再设置元素为【视口】，然后在列表框中选择【视口背景】，接着在右侧【颜色】项中单击色块按钮，如图 1-29 所示。

图 1-28　选择【自定义用户界面】命令

图 1-29　指定元素并准备修改颜色

3 打开【颜色选择器】对话框后，在【白度】颜色列中选择【白色】，然后单击【确定】按钮，返回【自定义用户界面】对话框后，设置主题为【亮】，如图 1-30 所示。

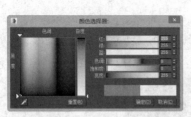

图 1-30　设置视口背景的颜色和界面主题方案

4 在【元素】项下的列表框中选择【视口渐变背景底部】选项，然后在右侧【颜色】项中单击色块按钮，接着在【白度】颜色列中选择【白色】并单击【确定】按钮，如图 1-31 所示。

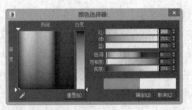

图 1-31　设置视口渐变背景底部的颜色

5 在【元素】项下的列表框中选择【视口渐变背景顶部】选项，然后在右侧【颜色】项中单击色块按钮，接着在【白度】颜色列中选择浅灰色并单击【确定】按钮，如图 1-32 所示。

图 1-32　设置视口渐变背景顶部的颜色

6 返回【自定义用户界面】对话框后，单击【保存】按钮，打开【保存颜色文件为】对话框后，设置文件名称并单击【保存】按钮，如图 1-33 所示。

7 保存颜色文件后，返回 3ds Max 程序，可以看到自定义用户界面后的变化，如图 1-34 所示。

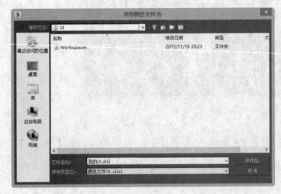

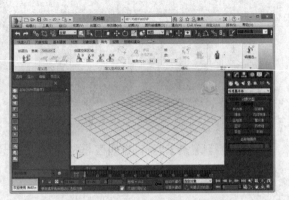

图 1-33　保存颜色文件　　　　　　　　图 1-34　修改用户界面颜色的效果

如果需要恢复原来用户界面的颜色设置，可以在【自定义用户界面】对话框中单击【重置】按钮，恢复原来设置。如果重置设置，会丢失对用户界面的所有修改，如图 1-35 所示。

图 1-35　重置用户界面颜色

1.4.2　上机练习 2：调整与管理工作区

　　本例将先设置默认工作区，然后根据需要调整面板的位置，再将调整过的用户界面另存为新工作区，最后将新工作区载入为当前工作区。

操作步骤

　　1 启动 3ds Max 程序，打开【工作区】列表框并选择【工作区：默认】选项，如图 1-36 所示。

　　2 将鼠标移到【场景资源管理器】面板上端黑色横线上，当指针变成 状时，按住鼠标并将面板拖到【命令】面板下，可以调整【场景资源管理器】面板的位置，如图 1-37 所示。

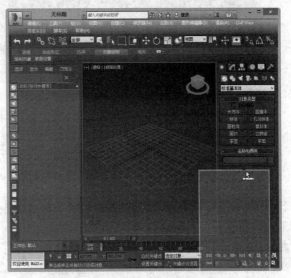

图 1-36　设置默认的工作区　　　　　　　图 1-37　移动【场景资源管理器】面板

3 将鼠标移到【命令】面板和【场景资源管理器】面板之间的灰色竖线上，然后按住鼠标并向右移动，可以调整面板之间的宽度，如图 1-38 所示。

图 1-38　调整面板的宽度

4 将鼠标移到【功能区】面板左端黑色双竖线上，当指针变成状时，按住鼠标并将面板拖到视口左侧，调整【功能区】面板的位置，单击【功能区】面板的选项卡，可以查看打开选项卡后的效果，如图 1-39 所示。

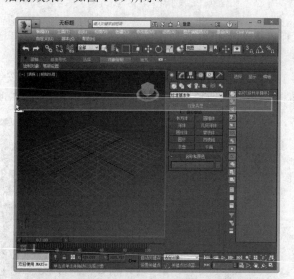

图 1-39　移动【功能区】面板并查看效果

5 打开【工作区】列表框，然后选择【管理工作区】选项，在打开的对话框中单击【另存为新工作区】按钮，如图 1-40 所示。

6 打开【创建新工作区】对话框后，设置新工作区名称，然后单击【确定】按钮，返回用户界面后，通过【工作区】列表框选择新建的工作区，即可将该工作区设置为当前工作区，如图 1-41 所示。

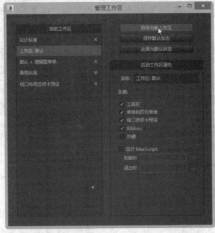

图 1-40　另存新工作区

图 1-41　设置新工作区名称并使用新工作区

1.4.3　上机练习 3：将文件进行归档处理

使用【归档】功能可创建场景位图及其路径名称的压缩存档文件或文本文件。本例将介绍设置归档的程序（可以是外部程序），再对 max 文件进行归档处理。

操作步骤

1 打开素材库中的 "..\Example\Ch01\1.5.3\1.5.3.max" 练习文件，然后选择【自定义】|【首选项】命令，打开【首选项设置】对话框后，选择【文件】选项卡，在【归档系统】框的【程序:】文本框中输入归档程序路径，如图 1-42 所示。

图 1-42　指定归档程序

2 单击【菜单浏览器】按钮 ，然后打开【另存为】菜单并选择【归档】命令，如图 1-43 所示。

3 打开【文件归档】对话框后，设置文件名称和保存类型，再单击【保存】按钮，如图 1-44 所示。

图 1-43　选择【归档】命令

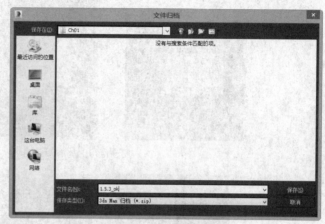

图 1-44　保存归档文件

4 对文件进行归档处理后，可以进入保存文件的目录看到归档后产生的压缩文件，该文件包含了其他信息的相关文件，如图 1-45 所示。

图 1-45　查看归档文件的效果

1.5　评测习题

1. 填空题

（1）3ds Max 2016 中文版是＿＿＿＿＿＿官方针对中国用户而开发的一款三维设计制图软件。

（2）在默认情况下，启动 3ds Max 2016 程序后会首先显示＿＿＿＿＿＿。它提供学习信息、创建新场景或打开最近使用的文件的方法。

（3）＿＿＿＿＿＿＿＿＿＿＿＿可用于检查和编辑现有模板，或者添加新模板。

2．选择题

（1）3ds Max 中那个界面组件可以从多个角度显示场景，并预览照明、阴影、景深和其他效果？　　　　　　　　　　　　　　　　　　　　　　　　　　　　　　（　　　）

　　　A．【命令】面板　　B．四元菜单　　　　C．主工具栏　　　　　D．视口

（2）按下哪个键可以执行新建场景的操作？　　　　　　　　　　　　　（　　　）

　　　A．Ctrl+N　　　　　　B．Ctrl+O　　　　　C．F2　　　　　　　D．Shift+F5

（3）以下哪个不是 3ds Max 2016 预设的工作空间？　　　　　　　　　（　　　）

　　　A．默认　　　　　　　B．设计标准　　　　C．三维建模　　　　D．备用布局

（4）初次启动 3ds Max 2016 程序后，允许用户选择哪种初始使用的版本？（　　　）

　　　A．【模型】版或【绘图】版　　　　　　B．【经典】版或【设计】版

　　　C．【三维】版或【平面】版　　　　　　D．【设计】版或【建模】版

3．判断题

（1）3ds Max 2016 提供了新的模板系统，为用户提供标准化的启动配置，以加快场景创建过程。　　　　　　　　　　　　　　　　　　　　　　　　　　　　　　（　　　）

（2）在 3ds Max 2016 中，可以在同一个文件中打开和处理多个场景。　（　　　）

（3）通过【新建】场景的操作，可以清除当前场景的内容，而无须更改系统设置（视口配置、捕捉设置、材质编辑器、背景图像等）。　　　　　　　　　　　　　　（　　　）

4．操作题

通过模板新建【Studio】场景，然后将新建的场景保存为 max 文件，如图 1-46 所示。

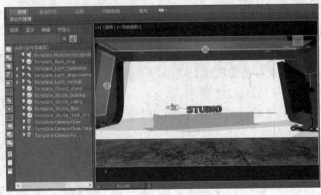

图 1-46　通过模板新建场景的效果

（1）启动 3ds Max 程序，然后在【欢迎屏幕】中的【开始】页中单击【示例-Studio 场景】按钮，或者单击【菜单浏览器】按钮，并选择【新建】|【从模板新建】命令。

（2）打开【创建新场景】对话框后，选择【示例-Studio 场景】模板，并单击【创建新场景】按钮。

（3）打开【文件加载】对话框后，直接单击【确定】按钮。

（4）新建场景后，打开菜单浏览器，再选择【保存】命令。

（5）打开【文件另存为】对话框后，设置文件的名称和保存位置，接着单击【保存】按钮。

第 2 章　3ds Max 2016 入门技能

学习目标

通过视口操作对象和导航视图是使用 3ds Max 设计模型的最基本操作。本章将详细介绍配置视口、设置视口布局、管理场景、导航视图等基本方法。

学习重点

☑ 配置视口的方法
☑ 设置视口布局
☑ 管理场景和使用场景资源管理器
☑ 了解视图和使用各种导航控件

2.1　配置视口

视口是场景的三维空间中的开口，如同观看封闭的花园或中庭的窗口，但视口却不仅是被动观察点。在创建场景时，可以将视口用作动态灵活的工具来了解和修改对象间的 3D 关系。对视口进行配置，可以在设计过程中，应不同的需要使用视口进行编辑与预览结果，如可以使用不同布局的视口反映不同场景部分的特写。

2.1.1　【视口配置】对话框

【视口配置】对话框提供了用于设置视口控制选项的控件，如图 2-1 所示。

视口配置的方法如下：

方法 1　在视口中单击或右击【常规】视口标签 **[+]**，然后选择【视口配置】命令，如图 2-2 所示。

方法 2　打开【视图】菜单，再选择【视口配置】命令。

方法 3　在没有文本处于活动状态时，单击或以鼠标右键单击【明暗处理】视口标签（默认情况下为【真实】或【线框】视口标签），再选择【配置】命令，如图 2-3 所示。

方法 4　在【默认+增强型菜单】工作区中，可以选择【场景】|【配置视图】|【视口配置】命令。

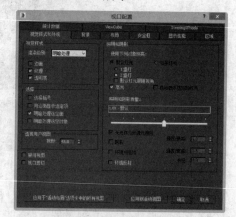

图 2-1　【视口配置】对话框

所有配置选项都用 MAX 场景文件保存。要配置文件的默认启动设置，可以将场景（无论是否为空）保存为默认场景文件夹中的 maxstart.max。如果在启动或重置 3ds Max 时此文件存在，程序将使用它来确定视口配置和设置。

图 2-2　通过【常规】标签菜单进行视口配置　　　图 2-3　通过【明暗处理】标签菜单进行视口配置

2.1.2　使用视口布局

视口布局提供了一个特殊的选项卡栏，用于在任何数目的不同视口布局之间快速切换。例如，可以快速设置一个四视口布局并进行缩小，以实现一个可同时从不同角度反映场景的总体视图以及若干个反映不同场景部分的不同全屏特写视图。这种通过一次单击即可激活其中任一视图的功能可大大提高工作效率。

1．打开选项卡栏

在其他选项卡的标题线（垂直显示的选项卡其标题线显示为黑色水平线；水平显示的选项卡其标题线位于最右端并显示为双黑色竖线）上单击鼠标右键，打开自定义显示菜单后，选择【视口布局选项卡】选项，如图 2-4 所示。

2．使用视口布局选项卡

首次打开【视口布局】选项卡栏时，该栏底部的单个选项卡具有一个描述启动布局的图标。通过从【预设】菜单（在单击选项卡栏上的箭头按钮▶时打开）中选择选项卡，可以添加这些选项卡以访问其他布局。将其他布局从预设加载到栏之后，可以通过单击其图标切换到任何布局，如图 2-5 所示。

【视口布局】功能包含以下两个基本工具：

- 【视口布局】选项卡：从选项卡栏上的【预设】菜单（单击箭头打开）添加视口布局选项卡。
- 布局预设（标准和自定义）：通过单击选项卡栏上的箭头按钮打开【预设】菜单。默认情况下，此菜单包含 12 个标准视口布局。要打开一个新的布局，可以通过单击任何预设将其选中。这还会将布局的一个选项卡添加到选项卡栏。

图 2-4　打开【视口布局选项卡】栏

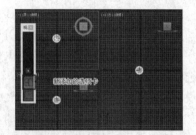

图 2-5　从【预设】菜单中选择布局选项卡

3. 自定义预设布局

在【视口布局】选项卡栏中可以基于现有的任何选项卡来添加自定义预设。

其方法为：右击视口布局的选项卡并选择【将配置另存为预设】命令，如图 2-6 所示。

自定义预设会记住布局（视口的数目和排列）和视口的视点，当 Nitrous 显示驱动程序处于活动状态时，它还会记住视口渲染模式。自定义预设不存储视图变换（平移/环绕/缩放）。自定义预设在会话之间持续存在，可以将其重命名和删除。

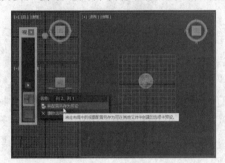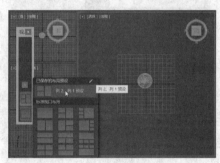

图 2-6　自定义预设布局

4. 使用【布局】选项卡

在【视口配置】对话框的【布局】选项卡上，可以指定视口的划分方法，并向每个视口分配特定类型的视图，如图 2-7 所示。

 将布局保存为 MAX 场景文件，这样就可以在单独的场景文件中存储不同的布局。加载所需的文件，然后将其他文件的内容进行合并，以保持布局。

图 2-7　使用【布局】选项卡

2.1.3　设置视觉样式和外观

1. 设置

对于 Nitrous 显示驱动程序，可通过【视口配置】对话框的【视觉样式和外观】选项卡为当前视口或所有视口设置渲染方法，如图 2-8 所示。视觉样式可包含非照片级真实感样式。

2. 应用

将鼠标移动到 Nitrous 视口中的对象上，黄色轮廓显示可以通过单击进行选择的对象。选择对象后，蓝色轮廓会显示选择内容，如图 2-9 所示。

当对象重叠时，仅针对光标下最近或最靠前的对象显示轮廓。如果对象被另一个对象完全遮挡，则没有预览。此外，在整个对象周围将显示黄色轮廓，无

图 2-8　设置视觉样式和外观选项

论其是否在视口中另一个对象之后或之内。

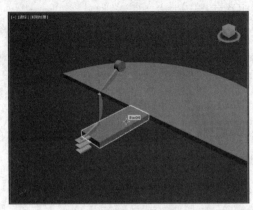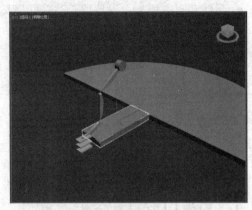

图 2-9　通过设置视觉样式和外观可以更有效地辅助选择对象

3. 照明和阴影

对于旧版显示驱动程序（Direct 3D 和 OpenGL），【照明和阴影】选项卡设置明暗处理视口中照明和阴影显示的首选项。对于 Nitrous 程序的视口，照明和阴影控件显示在【视觉样式和外观】面板上。

【照明和阴影】组的相关选项控制灯光在视口中（而不是线框视图中）的显示方式。这些选项的默认设置和可用性取决于选择的视觉样式。

- 默认灯光：使用默认灯光照亮视口。如果场景中没有灯光，则将自动使用默认照明，即使选择【场景灯光】也是如此。
  - ➢ 1 盏灯：在自然照明损失很小的情况下提供重画速度提高 20% 过肩视角光源。单个默认灯光会链接至摄影机，并在更改视图的视口点时移动，如图 2-10 所示。
  - ➢ 2 盏灯（默认设置）：提供更自然的照明，但是会降低视口性能。两个默认灯光会放置在彼此相对的位置上，如图 2-11 所示。

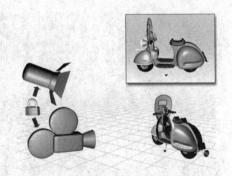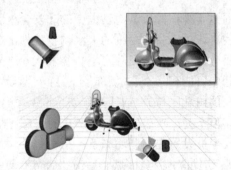

图 2-10　1 盏灯的效果　　　　　　图 2-11　2 盏灯中 A 为主灯光；B 为辅助灯光

- 场景灯光：使用场景中的灯光对象照亮视口。
- 默认灯光跟随视角：启用此选项后，两个默认灯光将跟踪视口位置的变更（一个默认灯光始终跟踪视口位置）。
- 亮显：启用时，视口包含来自照明的高光。默认设置为启用。
- 自动显示选定的灯光：启用此选项之后，选定的灯光将自动在着色视口中显示。默认设置为禁用状态。

- 照明和阴影质量：设置用于生成阴影的照明样式以及生成的阴影类型。
- 天光作为环境光颜色：启用此选项时，天光为真实视口提供环境光颜色，但不会被视为阴影投射灯光。
- 阴影：启用时，将使用阴影渲染场景。
- 环境光阻挡：当启用时，通过将对象的接近度计算在内，提高阴影质量。当环境光阻挡启用时，它的控件变为可用。
- 环境反射：启用此选项时，真实视口中的光滑材质将反射环境贴图。这将提供良好的室外场景效果（如闪闪发光的车身），但高动态范围（HDR）图像可能会导致室内场景出现问题，如发光的地面。

2.1.4 为视口设置安全框

使用【视口配置】对话框的【安全框】选项卡可以切换当前视口的视频安全框的状态，并可调整其参数。

"安全框"提供了一种导向，可避免渲染最终输出中可能块化的部分图像。安全框边界显示在渲染为视频时视口的哪一部分可见。如图 2-12 所示为应用安全框的效果。

图 2-12　使用安全框渲染视频的效果

通过【视口配置】对话框中的【安全框】选项卡的控件，可以将安全框的大小调整为外部显示矩形的百分比，如图 2-13 所示。根据其大小，安全框使用起来可能相当于【标题安全框】（安全显示标题时所在的内部区域），或【操作安全框】（可能要执行操作但不会严重丢失信息时所在的内部区域）。

安全框设置选项概述如下：

- 活动区域：该区域将被渲染，而不考虑视口的纵横比或尺寸。默认轮廓颜色为芥末色。启用区域（渲染区域时）选项并将渲染区域以及【编辑区域】处于禁用状态时，则该区域轮廓将始终在视口中可见。禁用此选项后，该区域将一直保持有效，但它的轮廓在

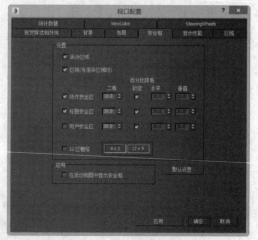

图 2-13　设置安全框

视口中不显示。启用【编辑区域】，该区域轮廓始终可见且此开关无效。

- 动作安全区：在该区域内包含的渲染动作是安全的。【锁定】复选框可锁定【动作】框的纵横比。打开【锁定】时，使用"二者"微调器来设置在安全框中修剪的活动区域百分比。关闭【锁定】时，可以使用【水平】和【垂直】微调器来分别设置这些参数。【活动区域】的默认设置为 10%。默认轮廓颜色为青色。

- 标题安全区：在该区域中包含的标题或其他信息是安全的。正确使用时，该区域比【动作】框小。【锁定】复选框可锁定【标题】框的纵横比。打开【锁定】时，使用"二者"微调器来设置与动作框相关的标题框的百分比大小。关闭【锁定】时，可以使用【水平】和【垂直】微调器来分别设置这些参数。【活动区域】的默认设置为 20%。默认轮廓颜色为浅棕色。

- 用户安全区：显示可用于任何自定义要求的附加安全框。【锁定】复选框可锁定【用户】框的纵横比。打开【锁定】时，使用"二者"微调器来设置与动作框相关的标题框的百分比大小。关闭【锁定】时，可以使用【水平】和【垂直】微调器来分别设置这些参数。【活动区域】的默认设置为 20%。默认颜色为洋红色。

- 12 区栅格：在视口中显示单元（或区）的栅格。这里，"区"是指栅格中的单元，而不是扫描线区。

2.1.5　设置视口的背景

在默认情况下，视口背景显示为深灰到浅灰的渐变颜色。当需要更改视口背景时，可以通过【视口配置】对话框的【背景】选项卡设置相关选项，或者通过【视图】|【视口背景】菜单选择背景选项，如图 2-14 所示。

图 2-14　设置视口的背景

2.2　管理场景

场景是设计的场所，对场景的有效管理是基础的工作且非常必要。

2.2.1　设置场景的系统单位

在 3ds Max 中，可以在【单位设置】对话框中选择单位显示系统，以便随时可以在不同的单位显示系统之间切换。还可以通过【系统单位】设置，确定 3ds Max 与输入到场景的距离信息如何关联。

1. 选择单位显示

执行以下操作之一打开【单位设置】对话框：
- 在默认工作区中，可以选择【自定义】|【单位设置】命令。
- 在【默认+增强型菜单】工作区中，可以选择【场景】|【单位设置】命令。

然后在【单位设置】对话框的【显示单位比例】框中选择单位显示选项，如图 2-15 所示。

2. 设置系统单位

打开【单位设置】对话框，再单击【系统单位设置】按钮，然后在【系统单位设置】对话框中设置单位，如图 2-16 所示。

图 2-15　选择单位显示

图 2-16　设置系统单位

2.2.2　使用场景资源管理器

在 3ds Max 中，【场景资源管理器】提供无模式对话框来查看、排序、过滤和选择对象，还一起提供了其他功能，用于重命名、删除、隐藏和冻结对象，创建和修改对象层次，以及编辑对象属性。

1. 打开场景资源管理器

方法 1　打开【工具】菜单，再选择【所有全局资源管理器】|【场景资源管理器】命令。
方法 2　在主工具栏上单击【切换场景资源管理器】按钮，如图 2-17 所示。

图 2-17　打开场景资源管理器

2．关于场景资源管理器

【场景资源管理器】面板由一个菜单栏、工具栏，以及场景中的对象表格视图组成，在对象表中，每个对象对应于一行，每个显示对象属性对应于一列。3ds Max 中的默认布局仅显示对象名称和【冻结】属性。

可以自定义布局以显示其他属性，也可以创建与当前场景一起保存和加载的本地【场景资源管理器】设置，以及可以创建在所有场景中使用的全局【场景资源管理器】设置。

场景资源管理器有两种模式，通过单击【按层排序】按钮 或【按层次排序】按钮 ，可以在两种不同的排序模式之间切换，如图 2-18 所示。

3．场景资源管理器功能

【场景资源管理器】的重要功能如下：

（1）通过设置列配置、隐藏和显示类别（通过左侧的工具栏）等进行自定义对话框。

图 2-18　按层排序的效果

（2）在【场景资源管理器】和场景之间自动同步所选内容：在视口中选择对象，它将自动在【场景资源管理器】中突出显示，反之也一样。

（3）使用特定于当前场景的本地【场景资源管理器】，以及可在所有场景中使用的全局【场景资源管理器】。

（4）在层次和层之间切换排序和列表模式。

（5）将层嵌套到任意深度。

（6）通过拖放操作或在标题栏上单击鼠标右键并选择停靠位置，将对话框停靠在右侧或左侧。

（7）通过单击灯泡图标切换对象和图层可见性。如图 2-19 所示，隐藏层也会使其所有子项不可见。

（8）在【场景资源管理器】中查看组成员（仅限【按层次排序】模式），不必打开该组。与层次和层一样，通过单击组名称旁边的箭头可以展开和折叠每个组。

（9）保存和加载不同的配置。

（10）通过拖放功能创建和编辑对象层次和层组。

图 2-19　设置层的隐藏

（11）排序单个或多个列。

（12）逐个或批量更改对象设置。

（13）功能强大和先进的搜索功能和过滤功能。

2.2.3　管理场景状态

场景状态功能提供了一种用来快速保存各种场景条件的方法。具有各种灯光、摄影机、材质、环境和对象属性的场景状态可以随时恢复并进行渲染，从而为模型提供多种插值。

1. 保存场景状态

选择【工具】|【管理场景状态】命令，打开【管理场景状态】对话框，此时可以在视口中设置场景，单击【保存】按钮并输入一个描述性的名称和选择组成部分，接着单击【保存】按钮即可，如图 2-20 所示。

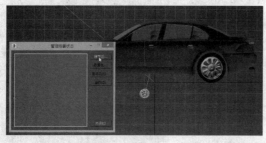

图 2-20　保存当前场景状态

2. 管理场景状态

通过【管理场景状态】对话框保存和还原场景状态，也可以快速对比不同的参数设置如何影响每个场景的外观。

场景状态还可以进行不同场景设置实验，而不必每次更改时保存整个 MAX 文件。这意味着对同一个模型进行不同条件的渲染时不需要打开和关闭文件。同时，场景状态也不会增加文件的大小。

保存场景状态时，可以选择要记录的场景方面：

● 灯光属性：对于每个灯光或光源中的灯光参数，如颜色、强度和阴影设置，随场景记录。

● 灯光变换：记录每个灯光的变换，如位置、方位和缩放。

● 对象属性：记录每个对象的【当前对象属性】值。

● 摄影机变换：记录每个摄影机的摄影机变换模式，如位置、方位和缩放。

● 摄影机属性：记录每个摄影机的摄影机参数，如 FOV 和景深，包括由摄影机修正修改器所做的任意修正。

● 层属性：保存场景状态时，在【层属性】对话框中记录每个层的设置。

● 层指定：记录每个对象的层指定。

● 材质：记录场景中使用的所有材质和材质指定。

● 环境：记录这些环境和曝光设置："背景"、"环境光"、"色彩"颜色、"全局照明""级别"、"环境贴图"、"环境贴图"打开/关闭状态、"曝光控制"卷展栏设置。

2.3　查看与导航三维空间

3ds Max 中的所有内容都位于一个三维空间中，在设计模型时，可以通过一个或多个视口进行查看，还可以使用各种选项来可视化这个巨大舞台般的空间，从最小的细节到整个场景。例如，可以用单独的大型视口填满整个屏幕，也可以设置多个视口以便跟踪场景中的各个方面。为了准确定位，可以使用平面绘制视图，它就像 3D 透视视图和三向投影视图一样。

2.3.1　栅格与主栅格

栅格是与图纸相类似的二维线组,不同的是可以根据工作的需要调整栅格的空间和其他特性。基于世界坐标轴的三个平面叫做主栅格,它是 3D 世界中的基本参考坐标系。如图 2-21 所示为使用主栅格定位模型。

在每个视口中所看到的栅格表示三个平面中的一个,此三个平面相互间以直角相交于一个叫做原点的公共点。相交沿常见于几何体中的三条直线进行(世界坐标轴: X、Y 和 Z),作为笛卡尔坐标系的基础。

图 2-21　使用主栅格定位模型

栅格有以下基本用途:

(1)作为可视化空间、比例和距离的辅助对象。

(2)作为在场景中创建和对齐对象的构造平面。

(3)作为使用捕捉功能对齐对象的参考系统。

1. 轴、平面和视图

两个轴定义主栅格的每个平面。在默认【透视】视口中,看到的是整个 XY 平面(地平面),X 轴方向为从左至右,而 Y 轴方向为从前至后。第三根为 Z 轴,它在原点垂直穿过 XY 平面,如图 2-22 所示。

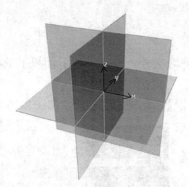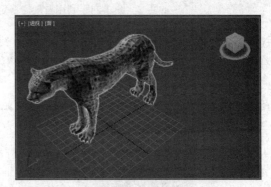

图 2-22　在【透视】视口中的视图

2. 主栅格和栅格对象

主栅格与世界坐标轴对齐。可以启用和禁用任一视口主栅格,但不得更改其方向。

栅格对象是一种辅助对象,当需要建立局部参考栅格或是在主栅格之外的区域构造平面时可以创建它。

在某些操作中,可以灵活运用栅格对象(独立栅格)来补充主栅格:该独立栅格可在任意位置以任意角度进行放置，可与任意对象或曲面对齐。其功能类似"构造平面"，可以使用一次，然后丢弃，或保存以备重新使用。如图 2-23 所示为非活动栅格对象和活动栅格对象。

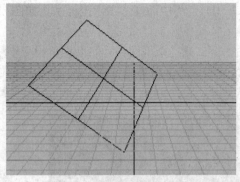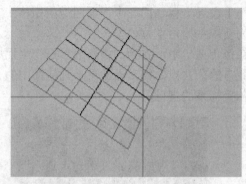

图 2-23 非活动栅格对象和活动栅格对象

3. 自动栅格

自动栅格功能可以创建和激活处于闲置状态下的临时栅格对象。利用此功能可以通过先创建临时栅格，然后创建对象的办法来创建任意对象面外的几何体，如图 2-24 所示。其中还有使临时栅格成为永久栅格的选项。

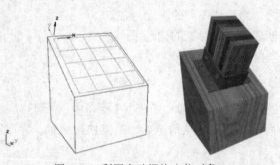

图 2-24 利用自动栅格定位对象

⚙ **动手操作　使用自动栅格创建模型**

1 打开素材库中的 "..\Example\Ch02\2.3.1.max" 练习文件，在【创建】面板上单击【圆柱体】按钮，准备创建圆柱体，如图 2-25 所示。

2 在【创建】面板上选择【自动栅格】复选框，启用【自动栅格】功能，如图 2-26 所示。

图 2-25　准备创建圆柱体　　　图 2-26　启用【自动栅格】功能

3 将光标移动到场景的长方体对象上，使其指向要创建对象的面。此时光标包括 X、Y、Z 三角轴，用于定位新对象，如图 2-27 所示。

4 在长方体的斜面上按住鼠标并拖动，拉出圆柱体的底面，然后向上拖动鼠标并单击即可创建圆柱体。在创建模型的过程中，长方体斜面将产生自动栅格，创建的圆柱体将与该栅格对齐，如图 2-28 所示。

图 2-27　指定创建对象的面

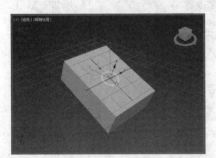

图 2-28　使用自动栅格定位并创建圆柱体

2.3.2　了解与使用视图

每个视口均可设置为显示【三向投影】或【透视】这两种视图类型中的任意一种。

- 三向投影视图：从对象的一面到三面进行显示的三维空间的投影视图。模型中的所有线条均相互平行。顶视口、前视口、左视口和正交视口均为三向投影视图，如图 2-29 所示。【等距】视图和【正交】视图是三向投影视图的示例。
- 透视视图：显示线条水平汇聚的场景。对于大部分 3D 电脑图像而言，这正是用户在屏幕或页面上看到的最终输出所使用的视图，如图 2-30 所示。【透视】和【摄像机】视口就是透视视图的示例。

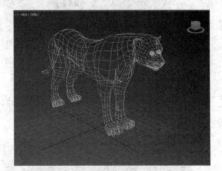

图 2-29　场景中的三向投影视图　　　　　图 2-30　场景中的透视视图

1. 三向投影视图的应用

透视视图与人类视觉最为类似，视图中的对象看上去向远方后退，产生深度和空间感。三向投影视图提供一个没有扭曲的场景视图，以便精确地缩放和放置。一般的工作流程是使用三向投影视图来创建场景，然后使用透视视图来渲染最终输出。

在视口中有两种类型的三向投影视图可供使用：正交视图和旋转视图。

● 正交视图：通常是场景的正面视图，如顶视口、前视口和左视口中显示的视图，如图 2-31 所示。可以使用观察点（POV）视口标签菜单、键盘快捷键或者 ViewCube 将视口设置为特定的正交视图。

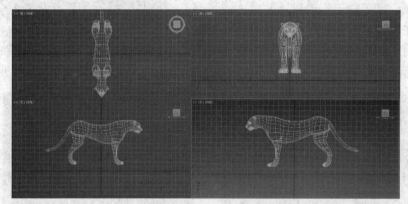

图 2-31　各种正交视图

● 旋转视图：保持平行投影的同时为了能以一定的角度查看场景，也可以旋转正交视图，如图 2-32 所示。但是，当从某个角度查看场景时，使用透视视图通常效果更好。

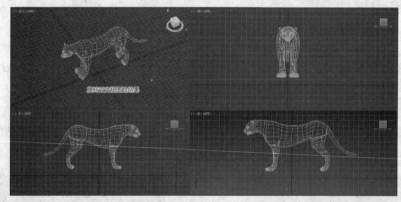

图 2-32　旋转视图的效果

2．透视视图的应用

【透视】视口是 3ds Max 中的一种启动视口。按 P 键可以将任何活动视口更改为这种类似视觉的观察点，如图 2-33 所示。

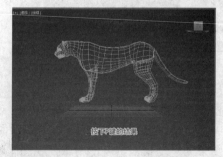

图 2-33　切换到透视视图

3. 摄影机视图

在场景中创建摄影机对象之后，可以按 C 键将活动视口更改为摄影机视图，然后从场景的摄影机列表中进行选择。

摄影机视口会通过选定的摄影机镜头来跟踪视图，如图 2-34 所示。在其他视口中移动摄影机（或目标）时，会看到场景也会随着移动。这就是【摄影机】视图较【透视】视图的优势，因为【透视】视图无法随时间设置动画。

4. 灯光视图

灯光视图的工作方式很像目标摄影机视图。首先创建一个聚光灯或平行光，然后为此聚光灯设置活动视口，如图 2-35 所示。

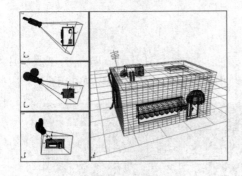
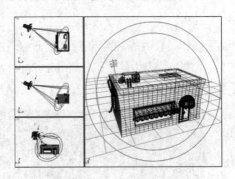

图 2-34　通过摄像机视图查看场景　　　　图 2-35　通过聚光灯的镜头进行观察场景

5. 更改视图类型

可以快速更改任一视口中的视图。例如，可以从前视图切换到后视图。

在 3ds Max 中，可以使用以下两种方法中的任意一种更改视图类型：

方法 1　单击或右击要更改的视口的观察点（POV）视口标签。然后从 POV 视口标签菜单选择希望使用的视图类型，如图 2-36 所示。

方法 2　单击选择希望更改的视口，然后按图 2-37 所示中的快捷键即可。

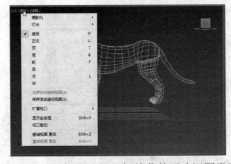
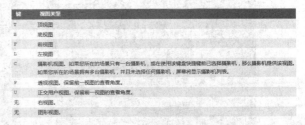

图 2-36　通过 POV 视口标签菜单更改视图类型　　　图 2-37　使用快捷键更改视图类型

2.3.3　使用标准导航控件

要在场景中导航，可以使用位于 3ds Max 窗口右下角的视口导航按钮。除了【摄影机】视图和【灯光】视图外，所有的视图类型都使用一组标准的导航按钮，如图 2-38 所示。

图 2-38　使用标准导航控件

动手操作　使用标准导航控件管理视图

1 打开素材库中的"..\Example\Ch02\2.3.3.max"练习文件，在【视口导航】工具栏中按下【平移视图】按钮，然后在视口中拖动鼠标，以平移场景的视图，如图 2-39 所示。

图 2-39　平移视图

2 在【视口导航】工具栏中长按【平移视图】按钮，在弹出的列表框中选择【穿行】按钮，然后在视口中拖动鼠标，模拟步行方式移动视图，如图 2-40 所示。

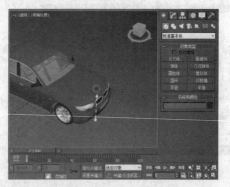

图 2-40　模拟步行方式移动视图

3 在【视口导航】工具栏中按下【缩放】按钮，然后在视口中由对象开始从外向内拖动鼠标，即可缩小视图，再从内到外拖动鼠标即可放大视图，如图 2-41 所示。

图 2-41　缩小与放大视图

4 如果透视视图为活动视图，可以按【视野】按钮，然后在视口中拖动鼠标，更改视野效果，如图 2-42 所示。

图 2-42　更改场景的视野效果

　更改视野与更改摄影机上的镜头的效果相似。视野越大，场景中可看到的部分越多且透视图会扭曲，这与使用广角镜头类似。视野越小，场景中可看到的部分越少且透视图会展平，这与使用长焦镜头类似。

5 长按【视野】按钮，在列表框中选择【缩放区域】按钮，然后在视口中拖动鼠标拉出一个显示区域，即可放大或缩小该区域，如图 2-43 所示。

图 2-43　放大或缩小场景区域

6 按【缩放所有视图】按钮，然后在视口中拖动以更改视图的大小，如图 2-44 所示。
【缩放】工具只能更改活动视图，而【缩放所有视图】工具可以同时更改所有非摄影机视图。

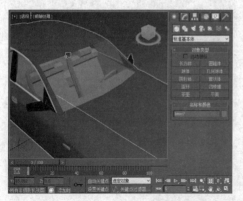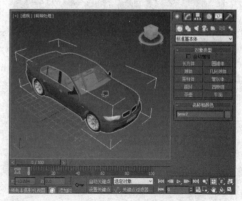

图 2-44 缩放所有视图

7 按【最大化显示选定的对象】按钮，缩放活动视口到场景中所有可见或选定对象的
范围，如图 2-45 所示。

图 2-45 最大化显示选定的对象

8 长按【环绕子对象】按钮，在弹出的列表框中选择【环绕】按钮，然后在视口中
拖动鼠标以环绕旋转场景的视图，如图 2-46 所示。

图 2-46 环绕旋转场景的视图

问：【环绕子对象】按钮 和【选定的环绕】按钮 有什么作用？

答：

- 环绕子对象：视图围绕选定的子对象或对象旋转的同时，选定的子对象或对象会保留在视口中相同的位置。

- 选定的环绕：视图围绕选定的对象旋转的同时，选定的对象会保留在视口中相同的位置。如果未选择任何对象，则此功能会还原为标准的"动态观察"功能。

❾ 单击【最大化视口切换】按钮 ，可以将当前视口切换成【四元菜单 4】视口布局，并将场景最大化显示在视口中，如图 2-47 所示。

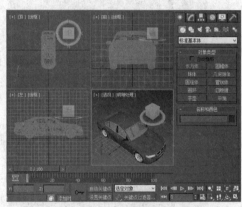

图 2-47　最大化视口切换

2.3.4　使用 ViewCube 导航

ViewCube 三维导航控件 提供了视口当前方向的视觉反馈，可以调整视图方向以及在标准视图与等距视图间进行切换。

ViewCube 显示的状态可以是非活动或活动。当 ViewCube 处于非活动状态时，默认情况下它在视口上方显示为透明，这样不会完全遮住模型视图。当 ViewCube 处于活动状态时，它是不透明的，并且可能遮住场景中对象的视图，如图 2-48 所示。

ViewCube 不会显示在摄影机、灯光、图形视口或者其他类型的视图（如 ActiveShade 或 Schematic）中。当 ViewCube 处于非活动状态时，其主要功能是根据模型的北向显示场景方向。

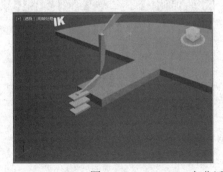
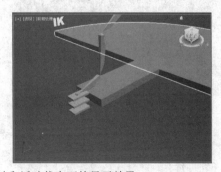

图 2-48　ViewCube 在非活动和活动状态下的显示效果

1. 更改当前视图

可以通过在 ViewCube 上单击预定义区域或者拖动 ViewCube 来更改模型的当前视图。

- 单击预定区域：ViewCube 提供 26 个可以单击的已定义区域来更改模型的当前视图。
  已定义区域分成三组：角点、边和面。在 26 个已定义区域中，有 6 个区域代表模型
  的标准正交视图：顶、底、前、后、左和右。可以通过单击 ViewCube 上的某个面来
  设置正交视图，如图 2-49 所示。此外，可以通过其余 20 个已定义区域访问场景的成
  角视图。单击 ViewCube 其中的一个角点，可以根据由模型三个面定义的视口，将模
  型的当前视图更改为四分之三视图。单击其中一条边可以根据模型的两个面将模型的
  视图更改为四分之三视图，如图 2-50 所示。

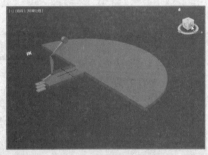 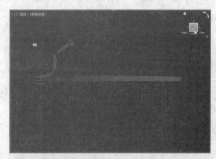

图 2-49　单击【右】面切换到【右】正交视图

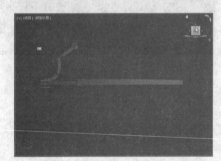 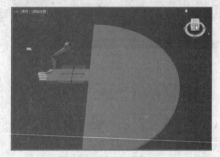

图 2-50　单击【右】和【上】两个面之间的横边切换视图

- 拖动 ViewCube：可以单击并拖动 ViewCube 将场景的视图更改为自定义成角视口，而
  非一种预定义视口，如图 2-51 所示。

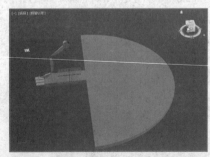 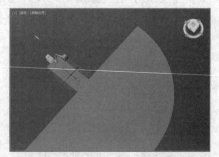

图 2-51　拖动 ViewCube 更改视图

2. 滚动面视图

当从其中一个面视图（如【上】视图）查看模型时，ViewCube 右上方有两个称作滚动箭

头 图标会显示在 ViewCube 附近。当需要围绕视图中心沿正向或反向将当前视图滚动或旋转 90 度时，可以单击其中一个滚动箭头，如图 2-52 所示。

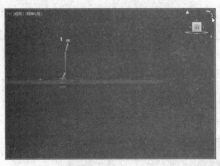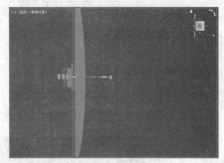

图 2-52　滚动面视图

3. 切换到相邻面

当从其中一个面视图查看模型时，可以使用 ViewCube 切换到其中一个相邻面视图来查看相邻视图，而无须先更改模型视图。当 ViewCube 处于活动状态且面视图为当前视图时，会显示 4 个三角形，分别位于 ViewCube 的每个面上。

当需要旋转当前视图以便显示由其中某个三角形指示的面视图时，单击 ViewCube 的面上三角形按钮即可，如图 2-53 所示。

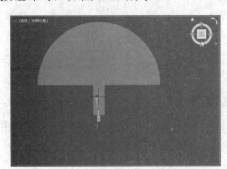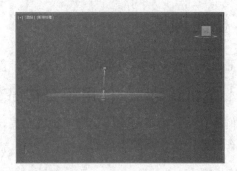

图 2-53　切换到相邻的面

4. 在当前视图中旋转模型

ViewCube 的立体视图按钮围着一个圆环，通过拖动圆环可以在当前视图中旋转模型，以调整场景的方向，如图 2-54 所示。

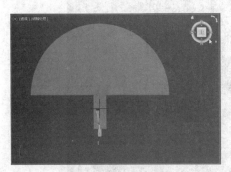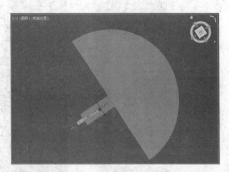

图 2-54　在当前视图中旋转模型

5. 更改视图投影模式

ViewCube 支持两种不同的视图投影：

- 透视：透视投影视图涉及收缩（对象越近显示越大），并且根据理论的摄影机和目标点之间的距离进行计算。摄影机与目标点之间的距离越近，透视效果显示越明显；距离越远，在模型上生成的效果越不明显。
- 正交：正交投影视图可以显示正在被平行投影到屏幕上的模型的所有点。

要更改视图投影模式，可以使用鼠标右键单击 ViewCube，或者单击 ViewCube 右下角的 按钮，然后在弹出菜单中选择【正交】或【透视】命令，如图 2-55 所示。

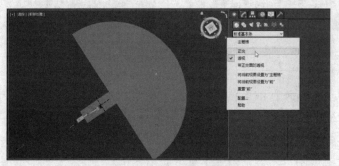

图 2-55　更改视图的投影模式

2.4　技能训练

下面通过多个上机练习实例，巩固所学技能。

2.4.1　上机练习 1：使用视口布局查看模型

本例将介绍在视口中为场景应用预设布局，然后使用视口布局进行各种查看模型的操作，以掌握在视口中操作视图布局的方法。

操作步骤

1 打开素材库中的 "..\Example\Ch02\2.4.1.max" 练习文件（使用默认工作区），在功能选项卡左侧单击鼠标右键并选择【视口布局选项卡】命令，打开【视口布局】选项卡后，将该选项卡拖到视口左下方，如图 2-56 所示。

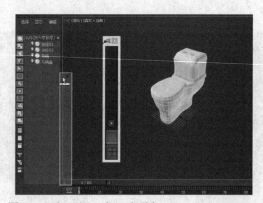

图 2-56　打开视口布局选项卡

2 单击【视口布局】选项卡的箭头按钮，在弹出列表中选择【列 2、列 1】布局，此时可以看到视口上出现对应的布局并以不同视图显示模型，如图 2-57 所示。

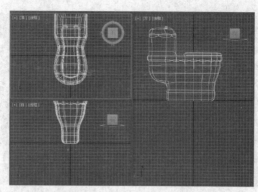

图 2-57　使用预设的视口布局

3 在布局右侧视口中单击【POV】视口标签，然后从打开的菜单中选择【透视】命令（或者激活右侧视口并按 P 键），将当前视口切换为【透视】视图，接着按住 ViewCube 三维导航控件的角点，再拖动以调整透视视图，如图 2-58 所示。

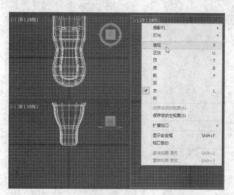

图 2-58　切换到【透视】视图并调整该视图

4 在【视口导航】工具栏中按下【平移视图】按钮 ，然后按住右侧视口并拖动，以移动场景到视口中央位置，接着单击【明暗处理】视口标签并选择【真实】命令，以选择对象在视口中的显示方式，如图 2-59 所示。

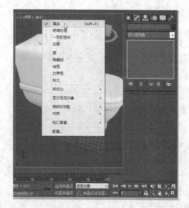

图 2-59　平移视图并设置对象的显示方式

5 使用鼠标按住视口布局的垂直分隔栏，然后向左移动，调整视口布局中的各视口大小，如图 2-60 所示。

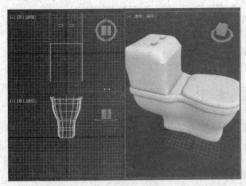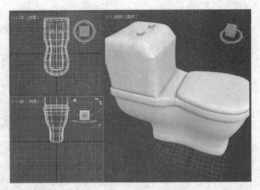

图 2-60　调整视口的大小

6 在【视口导航】工具栏中按下【平移视图】按钮，然后在左下方视口中拖动平移场景，接着通过【POV】视口标签菜单，设置视图类型为【左】，如图 2-61 所示。

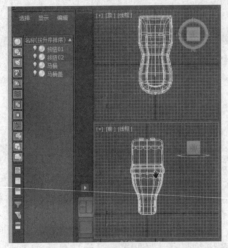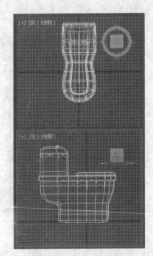

图 2-61　平移视图并更改视图类型

2.4.2　上机练习 2：保存与编辑布局预设

本例先设置当前布局名称并将当前布局另存为预设布局，然后将不需要的布局选项卡删除，最后对预设布局进行重命名处理。

操作步骤

1 打开素材库中的"..\Example\Ch02\2.4.2.max"练习文件，使用鼠标右键单击视口布局的第一个选项卡，然后在【名称】文本框中输入布局的新名称，如图 2-62 所示。

2 再次右击视口布局的第一个选项卡，然后在弹出菜单中选择【将配置另存为预设】

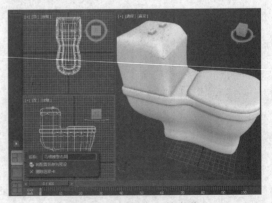

图 2-62　设置布局的名称

命令，保存的预设可以通过单击箭头按钮从打开的列表框中查看，如图 2-63 所示。

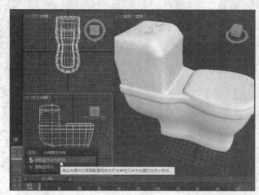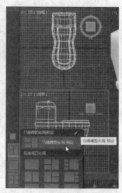

图 2-63　将配置另存为预设布局

3 使用鼠标右键单击视口布局的第二个选项卡，然后在弹出菜单中选择【删除选项卡】命令，如图 2-64 所示。

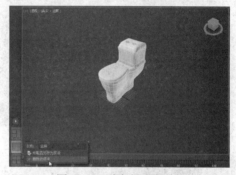

图 2-64　删除布局选项卡

4 单击布局选项卡栏上的箭头按钮▶，再单击【重命名或删除已保存的预设】按钮✎，然后在出现的名称字段上输入新名称并按 Enter 键，如图 2-65 所示。

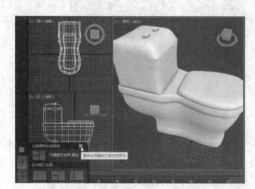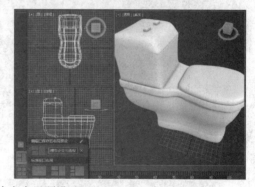

图 2-65　重命名布局预设

2.4.3　上机练习 3：创建与使用摄像机视图

本例先切换为【透视】视图，然后从视图中创建标准摄像机，更改视口布局并在视口中调整摄像机的位置和范围大小，接着使用摄像机视口控件调整摄像机视图。

操作步骤

1 打开素材库中的 "..\Example\Ch02\2.4.3.max" 练习文件，在视口中单击【POV】视口标签，然后在打开的菜单中选择【透视】命令，如图 2-66 所示。

2 选择【视图】|【从视图创建标准摄像机】命令，创建摄像机后可以在【场景资源管理器】面板中查看到一个摄像机和摄像机目标资源，如图 2-67 所示。

图 2-66 切换到【透视】视图

问：【从视图创建标准摄影机】命令的作用是什么？

答：该命令用于创建其视野与某个活动的透视视口相匹配的目标摄影机。同时，它会将视口更改为新摄影机对象的摄影机视口，并使新摄影机成为当前选择。

图 2-67 从视图中创建标准摄像机

3 单击布局选项卡栏上的箭头按钮 ，然后选择一种视口布局，此时可以看到摄像机在视图中与场景的关系，如图 2-68 所示。

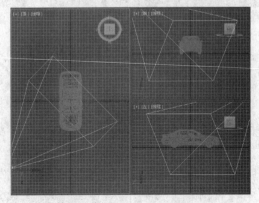

图 2-68 使用预设的视口布局

4 在布局左侧视口中可以看到一条蓝色线，将鼠标移到蓝色线后该线变成黄色，单击后即可选择视口中的摄像机，然后按住摄像机显示的坐标轴并拖动，即可移动摄像机的位置，如图 2-69 所示。

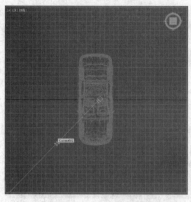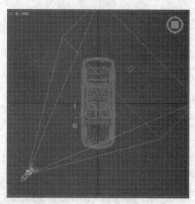

图 2-69　选择摄像机并移动

5 将鼠标在摄像机线框图示上单击，将出现坐标后，将指针移到坐标交点附近，当出现黄色区域时，按住该区域并拖动，可以缩小或放大摄像机的视图范围，如图 2-70 所示。

图 2-70　调整摄像机的范围大小

6 在视口布局选项卡栏中单击【四元菜单 4】选项卡按钮，切换到摄像机视图，可以看到经过上述调整后，场景在视图中的显示效果，如图 2-71 所示。

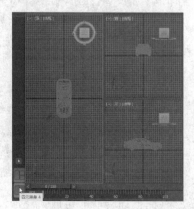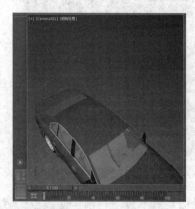

图 2-71　切换到摄像机视图

7 在【视口导航】工具栏中单击【环游摄像机】按钮 ⚙，然后在视口中按住鼠标左键拖动调整视图，接着单击【透视】按钮 ⚑，并在视口中按住左键拖动，以调整视图的透视效果，如图 2-72 所示。

图 2-72　使用导航控件调整摄像机视图

2.4.4　上机练习 4：使用 SteeringWheels 进行导航

SteeringWheels（也称作轮子）导航控件是一种追踪菜单，通过它可以从单一的工具访问不同的 2D 和 3D 导航工具。它可分成多个称为"楔形体"的部分，轮子上的每个楔形体都代表一种导航工具。通过使用不同的导航工具可以平移、缩放或操纵场景的当前视图。本例将介绍使用 SteeringWheels 进行视图导航的操作方法。

🖱 操作步骤

1 打开素材库中的"..\Example\Ch02\2.4.4.max"练习文件，选择【视图】|【SteeringWheels】|【配置】命令，在【视口配置】对话框中选择【SteeringWheels】选项卡，然后根据需要设置选项，接着单击【确定】按钮，如图 2-73 所示。

2 选择【视图】|【SteeringWheels】|【切换 SteeringWheels】命令（或者按 Shift+W 键），将 SteeringWheels 显示在视口中，将鼠标指针移到【缩放】按钮上，如图 2-74 所示。

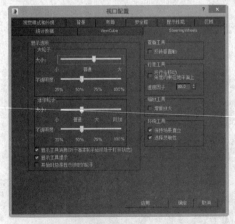

图 2-73　配置 SteeringWheels　　　　图 2-74　显示轮子并选择【缩放】操作

3 按住鼠标左键不放，当指标变成放大镜图标时往上拖动，即可放大图形。如果想缩小

46

图形，可以往下方拖动，如图 2-75 所示。当调整到合适比例时，即可释放鼠标左键，此时缩
放的操作就完成了。

4 重新显示轮子，将鼠标指针移至【平移】按钮上，然后按住鼠标左键不放，当指标变
成"✛"图标后，拖动鼠标平移视图，如图 2-76 所示。

图 2-75　缩小视图　　　　　　　　　　　　　图 2-76　平移视图

5 放开鼠标后即会重新显示轮子，此时将鼠标指针移至【动态观察】按钮上，然后按住
鼠标左键拖动，即可自由翻转视图查看模型，如图 2-77 所示。

图 2-77　动态观察模型

6 重新显示轮子后，将鼠标指针移至【环视】按钮上，然后按下鼠标左键拖动，即可环
绕移动视图，如图 2-78 所示。

图 2-78　环视视图

7 如果要还原最近的视图，可以按住轮子的【回放】按钮，然后在出现的一系列已保存的视图中前后移动，选择要还原的视图，如图 2-79 所示。

图 2-79　回放以还原视图

8 单击轮子右下方的箭头按钮，可以打开【SteeringWheels】菜单，从菜单中可以在不同的轮子之间切换，本例切换到【迷你视图对象轮子】，如图 2-80 所示。

图 2-80　切换到迷你视图对象轮子

9 如果想要切换回完整的导航轮子，可以在【SteeringWheels】菜单中选择【完整导航轮子】命令。当单击轮子右上方的 ✕ 按钮时，即可关闭 SteeringWheels，如图 2-81 所示。

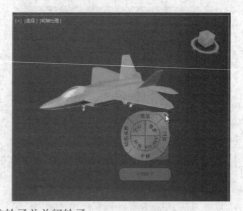

图 2-81　切换导航轮子并关闭轮子

2.5 评测习题

1. 填空题

（1）_____是场景的三维空间中的开口，如同观看封闭的花园或中庭的窗口。

（2）_____功能提供了一种用来快速保存各种场景条件的方法。具有各种灯光、摄影机、材质、环境和对象属性的场景状态可以随时恢复并进行渲染，从而为模型提供多种插值。

（3）透视视图与人类视觉最为类似，视图中的对象看上去向远方后退，产生深度和空间感，而_____视图提供一个没有扭曲的场景视图，以便精确地缩放和放置。

2. 选择题

（1）【视口布局】功能包含哪两个基本工具？ （　　　）

　　A．视口布局选项卡和布局预设　　　　　B．视口布局选项卡和平移布局

　　C．动态缩放布局和布局预设　　　　　　D．视口布局和视口视图

（2）将鼠标移动到 Nitrous 视口中的对象上，什么颜色的轮廓显示可以通过单击进行选择对象？　（　　　）

　　A．绿色　　　　　　B．蓝色　　　　　　C．黄色　　　　　　D．红色

（3）在 3ds Max 中，每个视口可设置为显示哪两种视图类型中的任意一种？ （　　　）

　　A．灯光视图或线框视图　　　　　　　　B．透视视图或明暗视图

　　C．三向投影视图或摄像机视图　　　　　D．三向投影视图或透视视图

（4）按下哪组快捷键，可以将 SteeringWheels 显示在视口中？ （　　　）

　　A．Ctrl+Y　　　　　B．Ctrl+G　　　　　C．Shift+W　　　　　D．Shift+K

3. 判断题

（1）【场景资源管理器】提供无模式对话框来查看、排序、过滤和选择对象，还提供了其他功能，用于重命名、删除、隐藏和冻结对象，创建和修改对象层次，以及编辑对象属性。（　　　）

（2）除了【摄影机】视图和【透视】视图外，所有的视图类型都可以使用【视口导航】工具栏上的导航按钮进行视图导航。 （　　　）

（3）孤立工具可以暂时隐藏除了正在处理的对象以外的所有对象，以防止在处理单个选定对象时选择其他对象，同时可以专注于需要看到的对象。 （　　　）

4. 操作题

使用标准导航控件适当调整视图，然后切换视口的视图类型并通过 ViewCube 控件导航视图，效果如图 2-82 所示。

（1）打开素材库中的 "..\Example\Ch02\2.5.max" 练习文件，在【视口导航】工具栏上单击【平移视图】按钮，然后在视口布局的右上方视口上按住鼠标拖动，将场景中的猎豹线框模型移到视口中央。

（2）在视口布局左上方的视口中选择模型，然后在【视口导航】工具栏上单击【最大化选定对象】按钮。

（3）在视口布局左下方视口中单击【POV】视口标签，然后在菜单中选择【右】命令，

切换到【右】视图。

（4）使用鼠标按住视口布局右下方视口的 ViewCube 其中一个角点，然后拖动鼠标以调整视图效果。

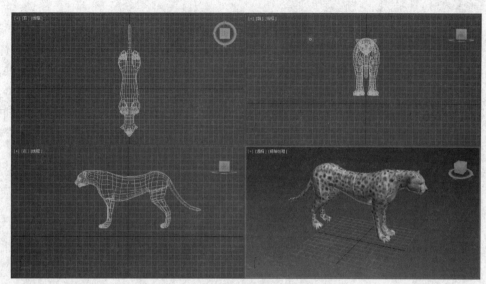

图 2-82　练习题文件的视口处理效果

第 3 章　基础建模——创建基本体

学习目标

3ds Max 2016 提供了大量强大的功能进行建模工作。本章将先介绍建模的基础篇，讲解针对几何体对象的建模应用和操作方法。

学习重点

☑ 了解【创建】面板
☑ 了解建模基础知识
☑ 创建各种标准基本体
☑ 创建各种扩展基本体

3.1　建模的基础

使用 3ds Max 中的各种建模工具可以创建 2D 和 3D 对象。下面将介绍创建各种模型对象的基础知识。

3.1.1　【创建】面板

【创建】面板提供用于创建对象和调整其参数的控件。

1. 打开面板

默认情况下，在启动 3ds Max 时，此面板将打开。如果看不到命令面板，则可以打开【自定义显示】菜单，然后选择【显示 UI】|【显示命令面板】命令，再单击【创建】按钮 即可切换到【创建】面板，如图 3-1 所示。

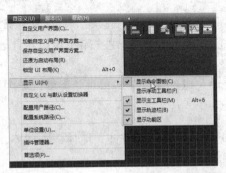

图 3-1　打开【创建】面板

2. 使用面板的创建过程

使用鼠标单击、拖动一些组合可完成对象的实际创建，具体情况取决于对象类型。常规顺序如下：

（1）选择一个对象类型。

（2）在视口中单击或拖动以创建近似大小和位置的对象。

（3）立即调整对象的参数和位置，或以后再执行。

3. 【创建】面板控件类型

【创建】面板中的控件取决于所创建的对象种类，如图 3-2 所示。然而，某些控件始终显示，几乎所有对象类型都共享另外一些控件。面板控件的类型说明如下：

- 类别：位于该面板顶部的按钮可访问 7 个对象的主要类别。几何体是默认类别。
- 子类别：一个列表，用于选择子类别。例如，几何体下面的子类别包括"标准基本体"、"扩展基本体"、"复合对象"、"粒子系统"、"面片栅格"和"NURBS 曲面"。
- 对象类型：一个卷展栏，包含用于创建特殊子类别中对象的按钮及【自动栅格】复选框。
- 名称和颜色：【名称】显示自动指定的对象名称。既可以编辑此名称，也可以用其他名称来替换它。单击方形色样可显示【对象颜色】对话框，可以更改对象在视口中显示的颜色（线框颜色）。
- 创建方法：此卷展栏提供使用鼠标来创建对象的选择。例如，可以使用中心（半径）或边（直径）来定义圆形的大小。
- 键盘输入：此卷展栏用于通过键盘输入几何基本体和形状对象的创建参数。
- 参数：此卷展栏显示创建参数，即对象的定义值。一些参数可以预设，其他参数只能在创建对象之后进行调整。
- 其他卷展栏：【创建】面板上还显示其他卷展栏，具体情况取决于所创建的对象类型。

图 3-2　基本体和实体的【创建】面板控件

3.1.2　了解基本构建块

在【创建】面板上，几何体和图形类别提供了"构建块"来组合或修改更复杂的对象，这些是预备使用的参数对象。调整这些值并启用或禁用一些按钮，可以从此处的列表中创建很多"新的"构建块。

从【创建】面板上的子类别列表中可以选择以下基本对象类型，如图 3-3 所示。

1. 几何体类型

- 标准基本体：相对简单的 3D 对象，包括长方体、球体、圆柱体、圆锥体、平面、圆环、几何球体、管状体、茶壶体和四棱锥等。
- 扩展基本体：更多复杂的 3D 对象，包括胶囊、油罐、纺锤、异面体、环形结和棱柱等。
- 复合对象：包括散布、连接、图形合并、布尔、变形、水滴网格、地形和放样。
- 粒子系统：模拟喷射、雪、暴风雪和其他一些小对象集合的动画对象。
- 面片栅格：用于建模或修复现有网格的简单 2D 曲面。
- 实体对象：支持在其他应用程序中创建的几何体的常规对象格式。

- 门：参数化的门类型，包括枢轴门、折叠门和推拉门。
- NURBS 曲面：特别适合使用复杂曲线建模的解析生成曲面。
- 窗：参数化窗类型，包括遮蓬式窗、固定窗、伸出式窗、平开窗、旋开窗和推拉窗。
- mental ray：包含 mental ray 代理对象，可以在使用 mental ray 渲染器时缩短渲染时间。
- AEC 扩展：对于 AEC 设计很有用的元素，包括地形、植物（地面和树木）、栏杆（创建自定义栏杆）和墙（用于产生墙对象）。
- 动力学对象：包含弹簧和阻尼器对象类型。

图 3-3　几何体和图形类别提供的基本对象类型

- 楼梯：包括 4 种类型楼梯，即螺旋楼梯、L 型楼梯、直线楼梯和 U 型楼梯。

2. 图形类型

- 样条线：指普通的 2D 图形，包括线、矩形、圆形、椭圆、弧形、圆环、多边形和星形等文本图形。支持 TrueType 字体。
- NURBS 曲线：点曲线和 CV 曲线为复杂曲面提供起始点。
- 扩展样条线：更复杂的 2D 图形，包括墙矩形、通道样条线、角度样条线、T 形样条线和宽法兰样条线。

3.1.3　键盘输入的应用

使用【键盘输入】卷展栏通过键盘可以创建多种几何基本体。在单个操作中，可以同时定义对象的初始大小和其三维位置。

【键盘输入】卷展栏包含一组常用的位置字段，标签为 X、Y 和 Z，如图 3-4 所示。输入的数值为沿活动构造平面的轴的偏移；主栅格或栅格对象。加号和减号值相应于这些轴的正负方向。默认设置为【0,0,0】，即活动栅格的中心。由 X 和 Y 设置的位置相当于使用创建对象的标准方法第一次按下鼠标的位置。

每个标准基本体在其【键盘输入】卷展栏上具有如表 3-1 所示的参数。

图 3-4　通过键盘输入创建对象

表 3-1　标准基本体的键盘输入参数

基本体	参数	XYZ 点
长方体	长度、宽度、高度	底座中心
圆锥体	半径 1、半径 2、高度	底座中心
球体	半径	中心
几何球体	半径	中心
圆柱体	半径、高度	底座中心

续表

基本体	参数	XYZ 点
管状体	半径 1、半径 2、高度	底座中心
圆环	半径 1、半径 2、	中心
四棱锥	宽度、深度、高度	底座中心
茶壶	半径	底座中心
平面	长度、宽度	中心

3.2 创建标准基本体

在 3ds Max 中，可以使用单个基本体对很多实体的对象建模，还可以将基本体结合到更复杂的对象中，并使用修改器进一步优化。

3ds Max 包括一组基础基本体（共 10 个）。可以在视口中通过鼠标轻松创建基本体，或者通过键盘输入生成大多数基本体。

3.2.1 长方体

长方体可以生成最简单的基本体。立方体是长方体的唯一变量。可以改变缩放和比例以制作不同种类的矩形对象，类型包括从大而平的面板和板材到高圆柱和小块。

动手操作　创建长方体

1 新建一个场景，打开【创建】面板，在面板的子类别列表中选择【标准基本体】选项。

2 在面板的【对象类型】卷展栏中单击【长方体】按钮，然后在【创建方法】卷展栏中选择【长方体】单选项，如图 3-5 所示。

3 将鼠标指针移到视口的场景中，然后按住鼠标拖动拉出长方体的面（可以是底面或顶面），如图 3-6 所示。

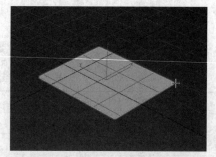

图 3-5　单击【长方体】按钮并选择创建方法　　　图 3-6　创建长方体的一个面

4 拉出面后放开鼠标，再向上或向下移动鼠标，以设置长方体的高度，单击即可完成长方体的绘制，此时【创建】面板中会为长方体设置默认的名称和颜色，如图 3-7 所示。

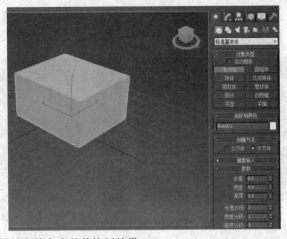

图 3-7 设置长方体高度及其绘制效果

 如果要创建立方体，可以在【创建】面板的【创建方法】卷展栏中选择【立方体】单选项，然后在场景中直接拖动鼠标即可创建立方体，如图 3-8 所示。

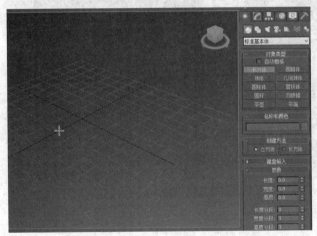

图 3-8 绘制立方体

3.2.2 圆锥体

【圆锥体】可以用于生成直立、反转、截断的圆形圆锥体。

动手操作 创建圆锥体

1 在【创建】面板的子类别列表中选择【标准基本体】选项，然后在面板的【对象类型】卷展栏中单击【圆锥体】按钮。

2 在【创建方法】卷展栏中选择以下创建方法。

● 边：按照边来绘制圆锥体。通过移动鼠标可以更改中心位置。

● 中心：从中心开始绘制圆锥体。

3 如果选择【中心】方法创建圆锥体，可以在场景中拖动鼠标绘出圆锥体的 个面，然后向上或向下移动鼠标并单击设置圆锥体高度，接着移动鼠标定义圆锥体另一端的半径，最后单击【确定】按钮即可，如图 3-9 所示。

图 3-9　以【中心】方法创建圆锥体

4 如果选择【边】方法创建圆锥体，可以在【参数】卷展栏中设置边数，然后在场景中绘出一个面，再向上或向下移动鼠标并确定圆锥体高度，接着定义圆锥体另一端半径即可，如图 3-10 所示。

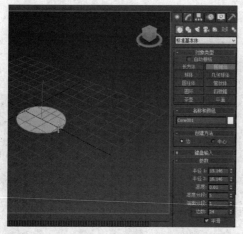 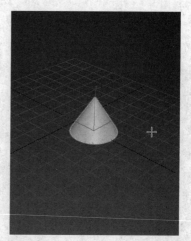

图 3-10　使用【边】方式创建圆锥体

【圆锥体】参数设置如下：

● 半径 1/半径 2：设置圆锥体的第一个半径和第二个半径。两个半径的最小值都是 0.0。如果输入负值，3ds Max 会将其转换为 0.0。可以如表 3-2 所示设置以创建直立或倒立的尖顶圆锥体和平顶圆锥体。

表 3-2　半径组合设置的效果说明

半径组合	效　　果
半径 2 为 0	创建一个尖顶圆锥体
半径 1 为 0	创建一个倒立的尖顶圆锥体
半径 1 比半径 2 大	创建一个平顶的圆锥体
半径 2 比半径 1 大	创建一个倒立的平顶圆锥体

● 高度：设置沿着中心轴的维度。负值将在构造平面下面创建圆锥体。
● 高度分段：设置沿着圆锥体主轴的分段数。

- 端面分段：设置围绕圆锥体顶部和底部的中心的同心分段数。
- 边数：设置圆锥体周围边数。选中【平滑】复选框时，较大的数值将着色和渲染为真正的圆。禁用【平滑】复选框时，较小的数值将创建规则的多边形对象。
- 平滑：混合圆锥体的面，从而在渲染视图中创建平滑的外观。
- 启用切片：启用【切片】功能。默认设置为禁用。
- 切片起始位置/切片结束位置：设置从局部 X 轴的零点开始围绕局部 Z 轴的度数。对于这两个设置，正数值将按逆时针移动切片的末端；负数值将按顺时针移动它。这两个设置的先后顺序无关紧要。端点重合时，将重新显示整个圆锥体。
- 生成贴图坐标：生成将贴图材质用于圆锥体的坐标。默认设置为启用。
- 真实世界贴图大小：控制应用于该对象的纹理贴图材质所使用的缩放方法。缩放值由位于应用材质的【坐标】卷展栏中的【使用真实世界比例】选项设置控制。默认设置为禁用。

3.2.3　球体

使用【球体】可以生成完整的球体或球体的水平部分（如半球），还可以围绕球体的垂直轴对其进行"切片"，如图 3-11 所示。

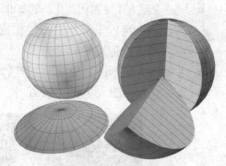

图 3-11　各种球体对象

动手操作　创建球体

1 在【创建】面板的子类别列表中选择【标准基本体】选项，然后在面板的【对象类型】卷展栏中单击【球体】按钮，并在【创建方法】卷展栏中选择创建方法。

2 在任一视口中拖动鼠标定义球体半径，在拖动时，球体将在轴点上与其中心合并，此时释放鼠标即可设置半径并创建球体，如图 3-12 所示。

3 如果要创建半球，可以在【参数】卷展栏的【半球】项中输入 0.5，然后在视口中拖动鼠标确定球体半径即可，如图 3-13 所示。

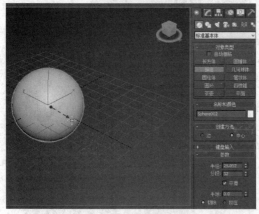

图 3-12　创建标准球体　　　　　　　图 3-13　创建半球球体

【球体】参数设置如下：

- 半径：指定球体的半径。
- 分段：设置球体多边形分段的数目。
- 平滑：混合球体的面，从而在渲染视图中创建平滑的外观。
- 半球：过分增大该值将"切断"球体，如果从底部开始，将创建部分球体。值的范围可以从 0~1.0。默认值为 0，可以生成完整的球体。设置为 0.5 可以生成半球，设置为 1.0 会使球体消失。【切除】和【挤压】可切换半球的创建选项。
- 切除：通过在半球断开时将球体中的顶点和面"切除"来减少它们的数量。默认设置为启用。
- 挤压：保持原始球体中的顶点数和面数，将几何体向着球体的顶部"挤压"，直到体积越来越小。
- 启用切片：使用【切片起始位置】和【切片结束位置】切换可创建部分球体。
  - 切片起始位置：设置起始角度。
  - 切片结束位置：设置停止角度。
- 轴心在底部：将球体沿着其局部 Z 轴向上移动，以便轴点位于其底部。如果禁用此选项，轴点将位于球体中心的构造平面上。启用【轴心在底部】复选框可以放置球体，可以放球体停留在构造平面上，像桌子上的撞球，如图 3-14 所示。
- 生成贴图坐标：生成将贴图材质应用于球体的坐标。默认设置为启用。
- 真实世界贴图大小：控制应用于该对象的纹理贴图材质所使用的缩放方法。

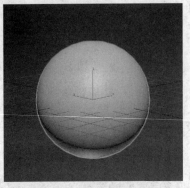

图 3-14　没有启用与启用【轴心在底部】功能的效果对比

3.2.4　几何球体

使用【几何球体】可以基于三类规则多面体制作球体和半球。与标准球体相比，几何球体能够生成更规则的曲面。在指定相同面数的情况下，它们也可以使用比标准球体更平滑的剖面进行渲染，如图 3-15 所示。

🖐 动手操作　创建几何球体

1 在【创建】面板中的子类别列表中选择【标准基本体】选项，然后在面板的【对象类型】卷展栏中单击【几何球体】按钮，并在【创建方法】

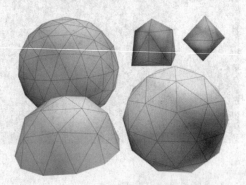

图 3-15　几何球体

卷展栏中选择创建方法。

2 在任一视口中拖动鼠标定义球体半径和中心，释放鼠标后即可创建出几何球体，如图 3-16 所示。

3 设置【基点面类型】和【分段】等参数，如图 3-17 所示。

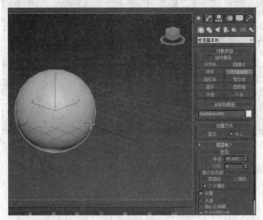
图 3-16　绘制几何球体

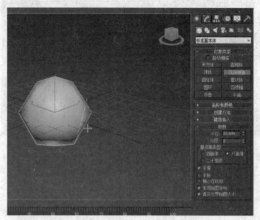
图 3-17　更改参数后的集合球体

【几何球体】说明如下：

● 分段：设置几何球体中的总面数。几何球体中的面数等于基础多面体的面数乘以分段的平方。分段值越低越好。使用最大分段值 200 最多可以生成 800 000 个面，从而会降低性能。

● 基点面类型：用于从几何球体基本几何体规则多面体的 3 种类型中进行选择。

　▷ 四面体：基于四面的四面体。三角形面可以在形状和大小上有所不同。球体可以划分为四个相等的分段。

　▷ 八面体：基于八面的八面体。三角形面可以在形状和大小上有所不同。球体可以划分为八个相等的分段。

　▷ 二十面体：基于二十面的二十面体。面都是大小相同的等边三角形。根据与二十个面相乘和相除的结果，球体可以划分为任意数量的相等分段。

3.2.5　圆环

使用【圆环】可生成一个具有圆形横截面的环。可以将平滑选项与旋转和扭曲设置组合使用，以创建复杂的变体。

动手操作　创建圆环

1 在【创建】面板中子类别列表中选择【标准基本体】选项，然后在面板的【对象类型】卷展栏中单击【圆环】按钮，并在【创建方法】卷展栏中选择创建方法。

2 在任意视口中，拖动以定义环形，在释放鼠标时设置环形的半径。在拖动时，环形将在轴点上与其中心合并，如图 3-18 所示。

3 移动鼠标，以定义横截面圆形的半径，然后单击创建环形，如图 3-19 所示。

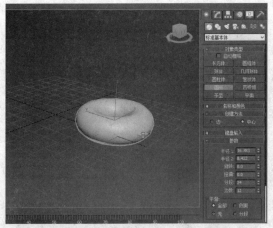

图 3-18　定义环形的半径

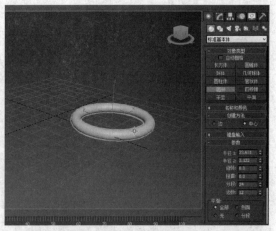

图 3-19　定义横截面圆形的半径

【环形】参数设置如下:

● 半径: 示意如图 3-20 所示。

　➢ 半径 1: 从环形的中心到横截面圆形的中心的距离。这是环形的半径。

　➢ 半径 2: 横截面圆形的半径。每当创建环形时就会替换该值,默认值为 10。

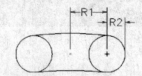

图 3-20　R1 为半径 1, R2 为半径 2

● 旋转: 旋转的度数。顶点将围绕通过环形环中心的圆形非均匀旋转。此设置的正数值和负数值将在环形曲面上的任意方向【滚动】顶点。

● 扭曲: 扭曲的度数。横截面将围绕通过环形中心的圆形逐渐旋转。从扭曲开始,每个后续横截面都将旋转,直至最后一个横截面具有指定的度数。

● 分段: 围绕环形的径向分割数。通过减小此数值,可以创建多边形环,而不是圆形。

● 边数: 环形横截面圆形的边数。通过减小此数值,可以创建类似于棱锥的横截面,而不是圆形。

● 平滑: 选择 4 个平滑层级之一:

　➢ 全部(默认设置): 将在环形的所有曲面上生成完整平滑。

　➢ 侧面: 平滑相邻分段之间的边,从而生成围绕环形运行的平滑带,如图 3-21 所示。

　➢ 无: 完全禁用平滑,从而在环形上生成类似棱锥的面,如图 3-22 所示。

　➢ 分段: 分别平滑每个分段,从而沿着环形生成类似环的分段,如图 3-23 所示。

● 启用切片: 创建一部分切片的环形,而不是整个 360 度的环形。

● 切片起始位置: 启用【启用切片】复选框之后,指定环形切片开始的角度。

● 切片结束位置: 启用【启用切片】复选框之后,指定环形切片结束的角度。

图 3-21　【侧面】平滑效果

图 3-22　【无】平滑效果

图 3-23　【分段】平滑效果

3.2.6　茶壶

使用【茶壶】基本体可以生成由盖子、壶身、壶柄、壶嘴组成的合成对象。通过使用【茶壶】功能，可以选择一次创建整个茶壶（默认设置）或茶壶的部分组合。由于茶壶是参量对象，因此可以选择创建之后显示茶壶的哪些部分。

动手操作　创建茶壶模型

1 新建一个场景，打开【创建】面板，在面板中的子类别列表中选择【标准基本体】选项。

2 在面板的【对象类型】卷展栏中单击【茶壶】按钮，然后在【创建方法】卷展栏中选择【中心】单选项，选择【壶体】部件，如图 3-24 所示。

3 将鼠标指针移到视口的场景中，然后按住鼠标拖动即可创建茶壶的壶体对象，如图 3-25 所示。

图 3-24　单击【茶壶】按钮并设置方法和参数　　　　图 3-25　创建出壶体对象

4 茶壶具有 4 个独立的部件：壶体、壶把、壶嘴和壶盖。如果要创建其他茶壶部件，可以在【茶壶部件】框中选择对应的部件，如图 3-26 所示。

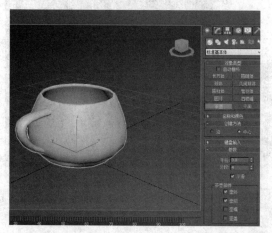
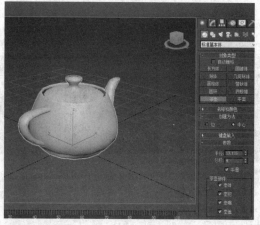

图 3-26　创建茶壶的其他部件

3.2.7　其他标准基本体

1．圆柱体

使用【圆柱体】基本体可以创建用于生成圆柱体，并可以围绕其主轴进行"切片"。

创建方法为：在【创建】面板中单击【圆柱体】按钮，在任意视口中拖动并释放以定义底部的半径，然后上移或下移定义圆柱体高度即可，如图 3-27 所示。

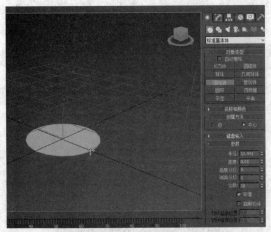
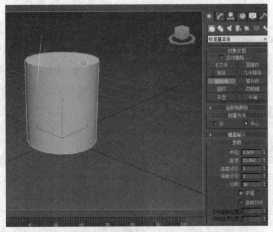

图 3-27　创建圆柱体

2．管状体

使用【管状体】可以生成一个带有同心孔的圆柱体，该图形可以是圆形或棱柱。

其创建方法为：在【创建】面板中单击【管状体】按钮，在任意视口中拖动并释放以定义第一个半径（既可以是管状体的内半径，也可以是外半径），然后再次移动定义第二个半径，接着上移或下移定义高度即可，如图 3-28 所示。

如果想要创建棱柱管状体，可以设置所需棱柱的边数，再禁用【平滑】复选框，然后使用上述方法执行操作，如图 3-29 所示。

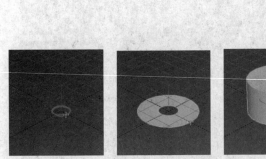

图 3-28　创建管状体

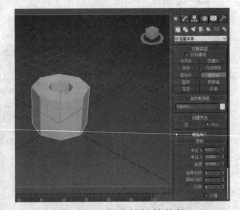

图 3-29　创建棱柱管状体

3．四棱锥

【四棱锥】基本体拥有方形或矩形底部和三角形侧面。

其创建方法为：在【创建】面板中单击【四棱锥】按钮并选择创建方法，然后在任意视口中拖动可定义四棱锥的底部，接着移动鼠标定义高度并单击即可，如图 3-30 所示。

如果使用的是【基点/顶点】方法，在视口中拖动鼠标时定义底部的对角，水平或垂直移动鼠标可定义底部的宽度和深度。如果使用的是【中心】方法，则从底部中心进行拖动。

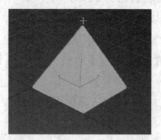

图 3-30　创建四棱锥

4. 平面

【平面】对象是特殊类型的平面多边形网格，可在渲染时无限放大（可以放大分段的大小和数量）可以使用【平面】对象来创建大型地平面，也可以将任何类型的修改器应用于【平面】对象（如置换），以模拟陡峭的地形。

其创建方法为：在【创建】面板中单击【平面】按钮，在视口中拖动鼠标可创建【平面】对象，如图 3-31 所示。

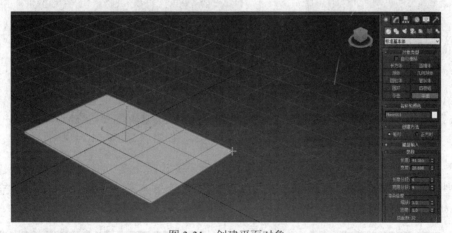

图 3-31　创建平面对象

3.3　创建扩展基本体

除了标准基本体，3ds Max 还包括一组扩展基本体。扩展基本体是 3ds Max 复杂基本体的集合。

3.3.1　异面体

使用【异面体】可以通过几个系列的多面体生成对象。在执行操作时，可以创建以下多面体的类型：

- 四面体：创建一个四面体。
- 立方体/八面体：创建一个立方体或八面多面体（取决于参数设置）。
- 十二面体/二十面体：创建一个十二面体或二十面体（取决于参数设置）。
- 星形 1/星形 2：创建两个不同的类似星形的多面体。

动手操作 创建各种异面体

1 新建一个场景，打开【创建】面板，在面板中的子类别列表中选择【扩展基本体】选项。

2 在面板的【对象类型】卷展栏中单击【异面体】按钮，然后在【系列】卷展栏中选择【四面体】单选项，在场景中拖动鼠标即可创建四面体，如图 3-32 所示。

3 在【系列】卷展栏中选择【立方体/八面体】单选项，在场景中拖动鼠标即可创建出立方体（或称八面体），如图 3-33 所示。

4 在【系列】卷展栏中选择【十二面体/二十面体】单选项，在场景中拖动鼠标即可创建出十二面体或二十面体，如图 3-34 所示。

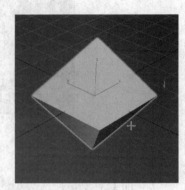

图 3-32　创建四面体

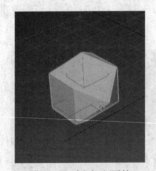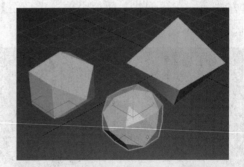

图 3-33　创建八面体　　　　图 3-34　创建十二面体或二十面体

5 在【系列】卷展栏中选择【星形 1】单选项，接着在场景中拖动鼠标即可创建出【星形 1】类型的异面体，如图 3-35 所示。更改选择【星形 2】单选项，并拖动鼠标，可以创建【星形 2】类型的异面体，如图 3-36 所示。

图 3-35　创建【星形 1】类型的异面体　　　　图 3-36　创建【星形 2】类型的异面体

【异面体】参数设置如下：

- 系列参数：包括 P，Q。
  - P，Q：为多面体顶点和面之间提供两种方式变换的关联参数，它们将以最简单的形式在顶点和面之间来回更改几何体。它们共享以下设置：

（1）可能值的范围从 0.0 到 1.0。

（2）P 值和 Q 值的组合总计可以等于或小于 1.0。

（3）如果将 P 或 Q 设置为 1.0，则会超出范围限制；其他值将自动设置为 0.0。

（4）在 P 和 Q 为 0 时会出现中点。

- 轴向比率：包括 P，Q，R；重置。
  - P，Q，R：控制多面体一个面反射的轴。实际上，这些字段具有将其对应面推进或推出的效果。默认设置为 100。
  - 重置：将轴返回为其默认设置。
- 顶点：包括如下内容。
  - 基本面的细分不能超过最小值。
  - 中心通过在中心放置另一个顶点（其中边是从每个中心点到面角）来细分每个面。
  - 中心和边通过在中心放置另一个顶点（其中边是从每个中心点到面角，以及到每个边的中心）来细分每个面。与【中心】相比，【中心和边】会使多面体中的面数加倍。

3.3.2　环形结

【环形结】功能可以通过在法向（法线的方向）平面中围绕 3D 曲线绘制 2D 曲线来创建复杂或带结的环形。3D 曲线（称为"基础曲线"）既可以是圆形，也可以是环形结。

其创建方法为：在【创建】面板中的子类别列表中选择【扩展基本体】选项，然后在面板的【对象类型】卷展栏中单击【环形结】按钮，并在【创建方法】卷展栏中选择创建方法。在视口中拖动鼠标并单击先定义环形结的大小，然后垂直移动鼠标并单击定义半径即可创建环形结，如图 3-37 所示。

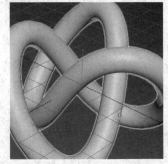

图 3-37　创建环形结

【环形结】参数设置如下：

- 结/圆：使用【结】时，环形将基于其他各种参数自身交织。使用【圆】时，基础曲线是圆形，如果在其默认设置中保留【扭曲】和【偏心率】这样的参数，则会产生标准环形。
- 半径：设置基础曲线的半径。

- 分段：设置围绕环形周界的分段数。
- P 和 Q：描述上下（P）和围绕中心（Q）的缠绕数值。
- 扭曲数：设置曲线周围的星形中的"点"数。
- 扭曲高度：设置指定为基础曲线半径百分比的"点"的高度。
- 半径：设置横截面的半径。
- 边数：设置横截面周围的边数。
- 偏心率：设置横截面主轴与副轴的比率。值为 1 将提供圆形横截面，其他值将创建椭圆形横截面，如图 3-38 所示为设置偏心率为 0.5 时的效果。

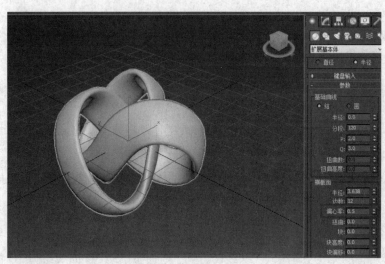

图 3-38　设置偏心率参数

- 扭曲：设置横截面围绕基础曲线扭曲的次数。
- 块：设置环形结中的凸出数量。【块高度】微调器值必须大于 0 才能看到任何效果。
- 块高度：设置块的高度，作为横截面半径的百分比。【块】微调器值必须大于 0 才能看到任何效果。
- 块偏移：设置块起点的偏移，以度数来测量。该值的作用是围绕环形设置块的动画。
- 【平滑】组：提供用于改变环形结平滑显示或渲染的选项。这种平滑不能移动或细分几何体，只能添加平滑组信息。
- 生成贴图坐标：基于环形结的几何体指定贴图坐标。默认设置为启用。
- 偏移 U/V：沿着 U 向和 V 向偏移贴图坐标。
- 平铺 U/V：沿着 U 向和 V 向平铺贴图坐标。

3.3.3　环形波

使用【环形波】功能可以创建一个环形，再通过选项设置不规则的内部和外部边。创建的环形波可以设置为动画，可以设置环形波对象增长动画，也可以使用关键帧来设置所有数字设置动画。使用各种特效动画的环形波，可以制作不同类型的波形效果，如描述由星球爆炸产生的冲击波，如图 3-39 所示。

图 3-39　由星球爆炸产生的冲击波

动手操作　创建环形波

1 在【创建】面板中子类别列表中选择【扩展基本体】选项，然后在面板的【对象类型】卷展栏中单击【环形波】按钮。

2 在视口中拖动后释放鼠标设置环形波的外半径，再将鼠标移回环形中心以设置环形内半径，然后单击创建环形波对象，如图 3-40 所示。

图 3-40　创建环形波对象

3 创建环形波对象后，可以拖动视口下方的时间滑块以查看基本动画，如图 3-41 所示。基本动画由【内边波折】参数组中的【爬行时间】项设置决定。

图 3-41　查看基本动画

【环形波】参数设置如下：

● 【环形波大小】组：可以更改环形波基本参数。

➢ 半径：设置圆环形波的外半径。

➢ 径向分段：沿半径方向设置内外曲面之间的分段数目。

➢ 环形宽度：设置环形宽度，从外半径向内测量。

➢ 边数：给内、外和末端（封口）曲面沿圆周方向设置分段数目。

➢ 高度：沿主轴设置环形波的高度。

➢ 高度分段：沿高度方向设置分段数目。

● 【环形波计时】组：在环形波从零增加到其最大尺寸时，使用这些环形波动画的设置。

➢ 无增长：设置一个静态环形波，它在【开始时间】显示，在【结束时间】消失。

➢ 增长并保持：设置单个增长周期。环形波在【开始时间】开始增长，并在【开始时间】以及【增长时间】处达到最大尺寸。

> ➤ 循环增长：环形波从【开始时间】到【开始时间】以及【增长时间】重复增长。
> ➤ 开始时间：如果选择【增长并保持】项或【循环增长】项，则环形波出现帧数并开始增长。
> ➤ 增长时间：从【开始时间】后环形波达到其最大尺寸所需帧数。【增长时间】仅在选中【增长并保持】项或【循环增长】项时可用。
> ➤ 结束时间：环形波消失的帧数。

● 【外边波折】组：使用这些设置来更改环形波外部边的形状。
> ➤ 启用：启用外部边上的波峰。仅启用此选项时，此组中的参数处于活动状态。默认设置为禁用。
> ➤ 主周期数：设置围绕外部边的主波数。
> ➤ 宽度光通量：设置主波的大小，以调整宽度的百分比表示。
> ➤ 爬行时间：设置每一主波绕"环形波"外周长移动一周所需的帧数。
> ➤ 次周期数：在每一主周期中设置随机尺寸次波的数目。
> ➤ 宽度光通量：设置小波的平均大小，以调整宽度的百分比表示。
> ➤ 爬行时间：设置每一次波绕其主波移动一周所需的帧数。

● 【内边波折】组：使用这些设置来更改环形波内部边的形状。
> ➤ 启用：启用内部边上的波峰。仅启用此选项时，此组中的参数处于活动状态。默认设置为启用。
> ➤ 主周期数：设置围绕内边的主波数目。
> ➤ 宽度光通量：设置主波的大小，以调整宽度的百分比表示。
> ➤ 爬行时间：设置每一主波绕"环形波"内周长移动一周所需的帧数。
> ➤ 次周期数：在每一主周期中设置随机尺寸次波的数目。
> ➤ 宽度光通量：设置小波的平均大小，以调整宽度的百分比表示。
> ➤ 爬行时间：设置每一次波绕其主波移动一周所需的帧数。

● 【曲面参数】组：包括纹理坐标和平滑。
> ➤ 纹理坐标：设置将贴图材质应用于对象时所需的坐标。
> ➤ 平滑：通过将所有多边形设置为平滑组 1 将平滑应用到对象上。

3.3.4 软管

　　【软管】对象是一个能连接两个对象的弹性对象，因而能反映这两个对象的运动。如图 3-42 所示为使用软管为摩托车一个弹簧建模的效果。

　　在创建软管对象时，可以指定软管的总直径和长度、圈数以及其"线"的直径和形状。

图 3-42　使用软管为摩托车一个弹簧建模的效果

动手操作　创建软管

1 在【创建】面板中的子类别列表中选择【扩展基本体】选项，然后在面板的【对象类型】卷展栏中单击【软管】按钮。

2 在视口中拖动后释放鼠标设置软膏的半径，再移动鼠标设置软管的长度，然后单击即可完成软膏的创建，如图 3-43 所示。

【软管】参数设置如下：

- ●【端点方法】组：包括自由软管和绑定到
  对象轴。
  - ➢ 自由软管：如果只是将软管用作一个
    简单的对象，而不绑定到其他对象上，
    则选择此选项。
  - ➢ 绑定到对象轴：如果使用【绑定对象】
    组中的按钮将软管绑定到两个对象，
    则选择此选项。

图 3-43　创建软管对象

- ●【绑定对象】组：仅当选择了【绑定到对象轴】选项时才可用。【顶部】和【底部】是
  专用描述器。软管的每个端点由总直径的中心定义。该结束点位于要绑定到的对象的
  轴点。
  - ➢ 顶部（标签）：显示【顶】绑定对象的名称。
  - ➢ 拾取顶部对象：单击该按钮，然后选择【顶】对象。
  - ➢ 张力：确定当软管靠近底部对象时顶部对象附近的软管曲线的张力。减小张力，则
    顶部对象附近将产生弯曲；增大张力，则远离顶部对象的地方将产生弯曲。
  - ➢ 底部（标签）：显示【底】绑定对象的名称。
  - ➢ 拾取底部对象：单击该按钮，然后选择【底】对象。
  - ➢ 张力：确定当软管靠近顶部对象时底部对象附近的软管曲线的张力。减小张力，则
    底部对象附近将产生弯曲；增大张力，则远离底部对象的地方将产生弯曲。
- ●【可用软管参数】组——高度：此字段用于设置软管未绑定时的垂直高度或长度。不一
  定等于软管的实际长度。仅当选择了【自由软管】项时，此选项才可用。
- ●【常规软管参数】组：包括分段、起始位置、直径、平滑等。
  - ➢ 分段：软管长度中的总分段数。当软管弯曲时，增大该选项的值可使曲线更平滑。
  - ➢ 启用柔体截面：如果启用，则可以为软管的中心柔体截面设置以下四个参数。如果
    禁用，则软管的直径沿软管长度不变。
  - ➢【起始位置】可以设置从软管的始端到柔体截面开始处占软管长度的百分比。默认
    情况下，软管的始端指对象轴出现的一端。【末端】可以设置从软管的末端到柔体
    截面结束处占软管长度的百分比。默认情况下，软管的末端指与对象轴出现的一端
    相反的一端。【周期数】可以设置柔体截面中的起伏数目。可见周期的数目受限于
    分段的数目。如果分段值不够大，不足以支持周期数目，则不会显示所有周期。【直
    径】可以设置周期【外部】的相对宽度。如果设置为负值，则比总的软管直径要小。
    如果设置为正值，则比总的软管直径要大。范围设置为50%~500%。
  - ➢ 平滑：定义要进行平滑处理的几何体。
  - ➢ 可渲染：如果启用，则使用指定的设置对软管进行渲染。如果禁用，则不对软管进
    行渲染。
  - ➢ 生成贴图坐标：设置所需的坐标，以对软管应用贴图材质。
- ●【软管形状】组：设置软管横截面的形状。默认设置为【圆形软管】单选项。
  - ➢ 圆形软管：设置为圆形的横截面。

➤ 长方形软管：可指定不同的宽度和深度设置。

➤ D 截面软管：与矩形软管类似，但一个边呈圆形，形成 D 形状的横截面。

3.3.5 弹簧

【弹簧】对象是一个螺旋弹簧，可用于模拟动画中的柔性弹簧。在创建弹簧对象时，可以指定弹簧的总直径和长度、圈数以及其"线框"的直径和形状。如果将弹簧附着到两个绑定对象，它将跟随其运动。

动手操作 创建简单的弹簧

1 新建场景，在【创建】面板中的子类别列表中选择【动力学对象】选项，然后在面板的【对象类型】卷展栏中单击【弹簧】按钮。

2 在视口中拖动并释放鼠标按钮以指定外径，再次移动鼠标并单击以指定弹簧的总长度，即可创建出弹簧对象，如图 3-44 所示。

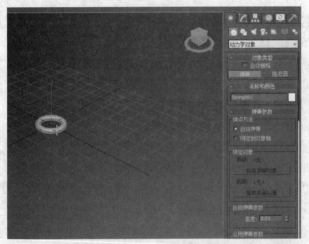

图 3-44 创建弹簧对象

3 初次创建的弹簧对象默认圈数为 1，可以在【创建】面板中的【公用弹簧参数】框中设置圈数，如设置 10 圈，如图 3-45 所示。

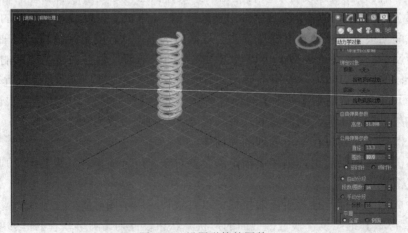

图 3-45 设置弹簧的圈数

【弹簧】参数设置如下：

- 【端点方法】组：包括自由弹簧和绑定的对象轴。
  - ➢ 自由弹簧：将弹簧用作不绑定到其他对象或不在动力学模拟中使用的简单对象时选择此选项。
  - ➢ 绑定到对象轴：将弹簧绑定到两个对象（使用下面描述的按钮）时选择此选项。
- 【绑定对象】组：使用这些控件可以拾取弹簧绑定到的对象。"顶部"和"底部"是专用描述器。两个绑定对象的位置可以彼此相关。
  - ➢ 顶部（标签）：显示【顶】绑定对象的名称。
  - ➢ 拾取顶部对象：单击该按钮，然后选择【顶】对象。
  - ➢ 底部（标签）：显示【底】绑定对象的名称。
  - ➢ 拾取底部对象：单击该按钮，然后选择【底】对象。

【自由弹簧参数】组—高度：此字段微调器用于设置弹簧未绑定时的直线高度或长度。这不是弹簧线框的实际长度。

- 【公用弹簧参数】组：包括直径、圈数、分段等。
  - ➢ 直径：在线框中心测量的弹簧总直径。
  - ➢ 圈数：弹簧中的完整 360 度圈数。
  - ➢ 逆时针/顺时针：指定弹簧的螺旋方向是逆时针还是顺时针。
  - ➢ 自动分段：选择此选项时，可以强制弹簧的每圈都包含相同的段数。因此，如果增加圈数，段数也会随之增加。
  - ➢ 段数/圈数：使用该微调器，可以指定弹簧的每个 360 度线圈的段数。
  - ➢ 手动分段：选中该选项时，弹簧的长度包含固定的段数，而不考虑弹簧的圈数。因此，增加圈数时，必须手动增加段数，以便使曲线保持平滑。
  - ➢ 分段：使用该微调器，可以指定弹簧中手动分段的总数。
  - ➢ 平滑：提供各种平滑对象的方法。
  - ➢ 可渲染：启用时，将在渲染中显示该对象；禁用时，不显示该对象。
  - ➢ 生成贴图坐标：为对象指定贴图坐标。默认设置为启用。
- 【线框形状】组：提供了三种不同的弹簧线框横截面：圆形、矩形或 D 形。每种类型都有自己的一组参数。

3.3.6 阻尼器

【阻尼器】对象包含一个底座、主机架、活塞，以及一个可选的套管。活塞可以在主机架中滑动，提供不同的高度。总体高度会受绑定对象影响，方式与弹簧对象相同。阻尼器与弹簧有许多相似之处，也有类似的参数设置。

动手操作 创建阻尼器

1 在【创建】面板中的子类别列表中选择【动力学对象】选项，然后在面板的【对象类型】卷展栏中单击【阻尼器】按钮。

2 在视口中拖动并释放鼠标按钮以指定直径，再次移动鼠标并单击以指定阻尼器的总体高度，如图 3-46 所示。

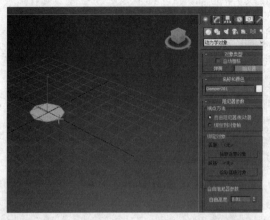

图 3-46　创建阻尼器对象

3.3.7　其他扩展基本体

1.　切角长方体

使用【切角长方体】可以创建具有倒角或圆形边的长方体。

其创建方法为：在【创建】面板中的子类别列表中选择【扩展基本体】选项，在面板的【对象类型】卷展栏中单击【切角长方体】按钮，然后拖动鼠标并释放定义切角长方体底部的对角线角点，再垂直移动鼠标并单击以定义长方体的高度，接着向对角移动鼠标并单击定义圆角或倒角的高度即可，如图 3-47 所示。

图 3-47　创建切角长方体

2.　切角圆柱体

使用【切角圆柱体】可以创建具有倒角或圆形封口边的圆柱体。

其创建方法为：在【创建】面板中的子类别列表中选择【扩展基本体】选项，在面板的【对象类型】卷展栏中单击【切角圆柱体】按钮，然后拖动鼠标并释放定义切角圆柱体底部的半径，再垂直移动鼠标并单击以定义圆柱体的高度，接着向对角移动鼠标并单击定义圆角或倒角的高度即可，如图 3-48 所示。

图 3-48　创建切角圆柱体

3. 油罐

使用【油罐】可创建带有凸面封口的圆柱体。

其创建方法为：在【创建】面板中的子类别列表中选择【扩展基本体】选项，在面板的【对象类型】卷展栏中单击【油罐】按钮，然后拖动鼠标并释放定义油罐体底部的半径，再垂直移动鼠标并单击以定义油罐体的高度，接着向对角移动鼠标并单击定义凸面封口的高度即可，如图 3-49 所示。

图 3-49　创建油罐体

4. 胶囊

使用【胶囊】可创建带有半球状端点封口的圆柱体。

其创建方法为：在【创建】面板中单击【油罐】按钮，然后拖动鼠标并释放定义胶囊的半径，再垂直移动鼠标并单击定义胶囊的高度即可，如图 3-50 所示。

图 3-50　创建胶囊体

5. 纺锤

使用【纺锤】可创建带有圆锥形封口的圆柱体。

其创建方法为：在【创建】面板中单击【纺锤】按钮，然后拖动鼠标并释放定义纺锤底部的半径，再垂直移动鼠标并单击定义纺锤的高度，接着向对角移动鼠标定义圆锥形封口的高度，如图 3-51 所示。

图 3-51　创建纺锤体

6. 球棱柱

使用【球棱柱】可以利用可选的圆角面边创建挤出的规则面多边形。

其创建方法为：在【创建】面板中单击【球棱柱】按钮，通过【侧面】微调器设置球棱柱中侧面楔子的数量，拖动鼠标并释放创建球棱柱的半径，垂直移动鼠标并单击定义球棱柱的高度，接着向对角移动鼠标并单击以沿着侧面角指定切角的大小，如图 3-52 所示。

图 3-52　创建球棱柱对象

7. 棱柱

使用【棱柱】，可创建带有独立分段面的三面棱柱。

其创建方法为：在【创建】面板中单击【棱柱】按钮，在【创建方法】卷展栏中选择【二等边】方法，然后在视口中水平拖动以定义侧面 1 的长度（沿着 X 轴），再垂直拖动以定义侧面 2 和侧面 3 的长度（沿着 Y 轴），然后垂直移动定义棱柱体的高度即可，如图 3-53 所示。

图 3-53　创建棱柱体

8. L 形挤出（L-Ext）/C 形挤出（C-Ext）

使用【L 形挤出】功能可创建挤出的 L 形对象；使用【C 形挤出】可创建挤出的 C 形对象。

其创建方法为：在【创建】面板中单击【L-Ext】按钮或单击【C-Ext】按钮，再拖动鼠标并释放以定义底部（按 Ctrl 键可将底部约束为方形），垂直移动并单击以定义 L 形挤出或 C 形挤出的高度，然后垂直移动鼠标并单击定义 L 形挤出或 C 形挤出墙体的厚度或宽度，如图 3-54 和图 3-55 所示。

图 3-54　创建 L 形挤出对象

图 3-55　创建 C 形挤出对象

3.4　技能训练

下面通过多个上机练习实例，巩固所学技能。

3.4.1　上机练习 1：将软管绑定至两个对象

本例将先在视口中创建一个软管对象，然后将软管对象绑定到视口中的圆柱体和长方体对象中，最后适当调整对象的位置。

操作步骤

1 打开素材库中的“..\Example\Ch03\3.4.1.max”练习文件，在【创建】面板中的子类别列表中选择【标准基本体】选项，然后在面板的【对象类型】卷展栏中单击【软管】按钮，在视口中拖动后释放鼠标设置软管的半径，再移动并单击设置软管的长度，如图3-56 所示。

2 在【命令】面板中单击【修改】按钮 ，切换到【修改】面板后选择【绑定到对象轴】单选项，如图 3-57 所示。

图 3-56　创建软管对象

图 3-57　设置绑定到对象轴

3 在【修改】面板中单击【拾取顶部对象】按钮，再单击圆柱体以将它选择到，然后单击【拾取底部对象】按钮并选择长方体对象，如图 3-58 所示。

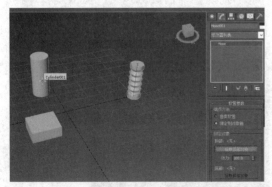
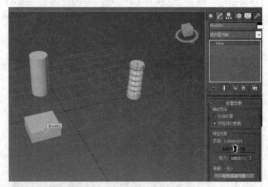

图 3-58　拾取顶部和底部对象

4 此时软管对象将绑定到圆柱体和长方体对象上，通过【修改】面板设置顶部和底部的张力均为 0，如图 3-59 所示。

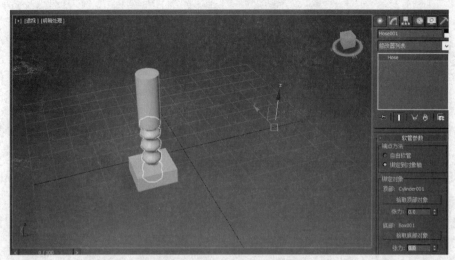

图 3-59　设置软管绑定对象的张力

5 在【修改】面板中设置周期数为 10，增加软管周期，如图 3-60 所示。

图 3-60　修改软管对象的周期

6 在 ViewCube 三维导航控件中单击【前】面，设置视图为【前】，然后在主工具栏中单击【选择并移动】按钮 ，再选择圆柱体，接着使用鼠标按住圆柱体的 Z 轴并向上移动，调整圆柱体的 Z 轴位置，此时可以看到软管对象会增加张力以保持绑定状态，如图 3-61 所示。

 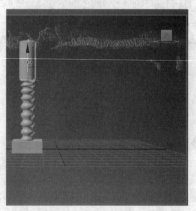

图 3-61　调整视图并修改圆柱体的位置

3.4.2　上机练习 2：沿弯曲线路径创建栏杆

本例先在视口中绘制一条弯曲的样条线，然后通过【拾取栏杆路径】的方式沿着样条线创建栏杆对象，最后适当调整对象的参数。

操作步骤

1 打开素材库中的 "..\Example\Ch03\3.4.2.max" 练习文件，在【创建】面板中单击【图形】按钮，然后在子类别列表中选择【样条线】选项，在【对象类型】栏中单击【线】按钮，如图 3-62 所示。

2 在视口中单击或拖动确定起始点，然后移动鼠标并单击确定线的第二个点，使用相同的方法创建线的其他点，接着单击鼠标右键结束创建线的操作，如图 3-63 所示。

图 3-62　使用【线】功能　　　　　　　　　　图 3-63　创建样条线

3 在【创建】面板中单击【几何体】按钮并选择【AEC 扩展】子类别，然后单击【栏杆】按钮，再单击【拾取栏杆路径】按钮，选择样条线为栏杆路径，如图 3-64 所示。

图 3-64　沿样条线创建栏杆

4 由于默认分段数为 1，所以上栏杆可作为样条线起点和终点之间的一个分段，如图 3-65 所示。此时通过【修改】面板，修改栏杆的分段值为 20，如图 3-66 所示。

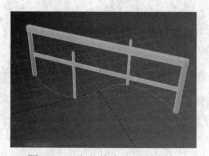
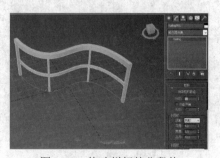

图 3-65　分段数为 1 时的栏杆　　　　　　　图 3-66　修改栏杆的分段值

3.4.3 上机练习3：制作简单的拱门模型

本例先在视口中创建一个管状体并设置【切片】参数，然后使用【选择并旋转】功能旋转管状体对象，最后将该对象移到两个长方体上方并紧贴放置，制作简单的拱门效果。

操作步骤

1 打开素材库中的 "..\Example\Ch03\3.4.3.max" 练习文件，在【创建】面板中选择【标准基本体】子类别，并在【对象类型】栏中单击【管状体】按钮，然后在视口中拖动并释放以定义第一个半径，如图3-67所示。

2 移动鼠标定义第二个半径，接着上移鼠标并单击定义高度，如图3-68所示。

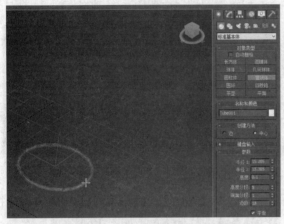

如图3-67　设置管状体的第一个半径

图3-68　创建出管状体

3 在【创建】面板中打开【参数】卷展栏，然后分别设置半径1、半径2和边数等参数，再选择【启用切片】复选框，设置切片起始位置和结束位置的参数，如图3-69所示。

4 在主工具栏中单击【选择并旋转】按钮🔘，然后选择管状体对象，再选择【绿色】线（代表 Y 轴，选到后变成黄色），向下拖动以设置旋转角度为90，接着选择【蓝色】线并拖动以设置旋转角度为90，如图3-70所示。

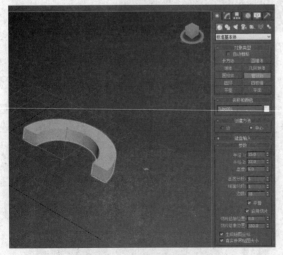

图3-69　设置管状体的参数

图3-70　选择并旋转管状体

5 在 ViewCube 三维导航控件中单击【前】面，设置视图为【前】，然后在主工具栏中单击【选择并移动】按钮，将管状体移到两个长方体对象上方，如图 3-71 所示。

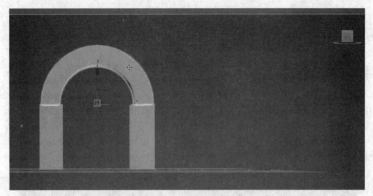

图 3-71　通过【前】视图调整管状体位置

6 在 ViewCube 三维导航控件中单击【左】面，设置视图为【左】，然后选择管状体并调整位置，使之位于两个长方体上方中央位置并紧贴长方体放置，如图 3-72 所示。

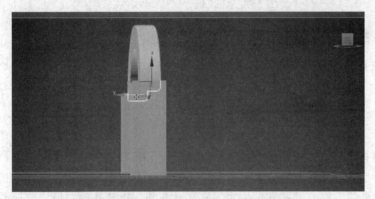

图 3-72　通过【左】视图调整管状体位置

7 在 ViewCube 三维导航控件中单击【上】面，设置视图为【上】，从该视图中查看管状体与长方体的位置设置，并根据实际情况适当调整管状体的位置，如图 3-73 所示。

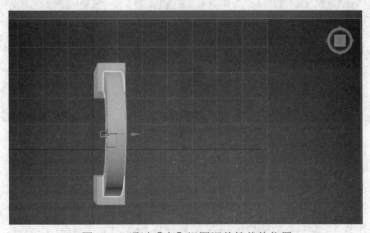

图 3-73　通过【上】视图调整管状体位置

8 在 ViewCube 三维导航控件中单击如图 3-74 所示的角点，设置透视视图以查看拱门模型的效果。

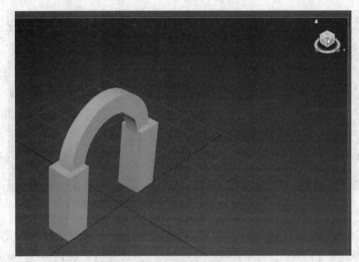

图 3-74　切换到透视视图查看效果

3.4.4　上机练习 4：制作建筑用的线锥模型

本例先在视口中创建一个向下的圆锥体并修改半径和高度，然后在圆锥体的顶面上创建一个圆柱体，再创建一个圆环体并设置圆环半径和切片等参数，最后将圆环体进行旋转并放置在圆柱体上。

操作步骤

1 打开素材库中的 "..\Example\Ch03\3.4.4.max" 练习文件，在【创建】面板中选择【标准基本体】子类别，在【对象类型】栏中单击【圆锥体】按钮，然后在视口中拖动并释放以定义第一个半径，再向下移动鼠标并单击设置圆锥体高度，接着移动鼠标定义圆锥体另一端的半径，如图 3-75 所示。

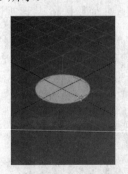 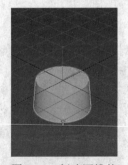 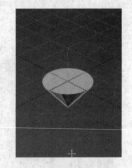

图 3-75　创建圆锥体

2 在【创建】面板中打开【参数】卷展栏，然后设置半径 1 为 10、半径 2 为 0、高度为 -20，如图 3-76 所示。

3 在【创建】面板中单击【圆柱体】按钮，然后在圆锥体顶面中心上拖动并释放鼠标定义圆柱体底部的半径，接着向上移动鼠标定义圆柱体高度，如图 3-77 所示。

图 3-76　设置圆锥体的参数

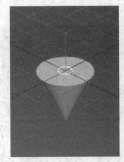

图 3-77　创建圆柱体

4 在【创建】面板中单击【圆环】按钮，在视口中拖动并释放鼠标定义环形环的半径，再次移动鼠标，以定义横截面圆形的半径，然后单击创建环形，设置环形的各项参数，并启用【切片】功能和设置切片参数，如图 3-78 所示。

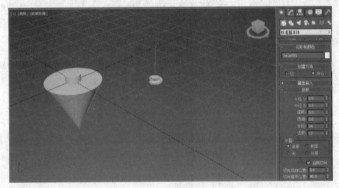

图 3-78　创建圆环

5 在主工具栏中单击【选择并旋转】按钮 ⟳，选择圆环对象，选择【绿色】线（代表 *Y* 轴，选到后变成黄色），并向下拖动以设置旋转角度为 90，接着选择到【红色】线并拖动以设置旋转角度为 45，如图 3-79 所示。

6 在 ViewCube 三维导航控件中单击【右】面，设置视图为【右】，在主工具栏中单击【选择并移动】按钮 ✥，将圆环体移到圆柱体上方，接着切换视图为【前】，再调整圆环的位置，如图 3-80 所示。

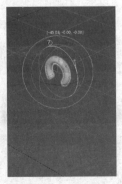

图 3-79　旋转圆环体

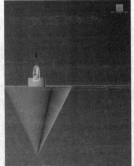

图 3-80　切换视图并调整圆环的位置

7 在 ViewCube 三维导航控件中单击如图 3-81 所示的角点，设置透视视图以查看线锥模型的效果。

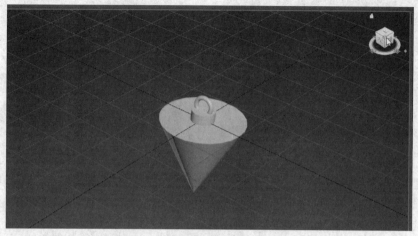

图 3-81　设置透视视图以查看效果

3.4.5　上机练习 5：快速创建植物对象

使用【植物】功能可生成各类种植对象，如树种。可以控制这些植物的高度、密度、修剪、种子、树冠显示和细节级别。本例将介绍创建垂柳模型的方法。

操作步骤

1 打开素材库中的 "..\Example\Ch03\3.4.5.max" 练习文件，在【创建】面板中的子类别列表中选择【AEC 扩展】选项，在面板的【对象类型】卷展栏中单击【植物】按钮，然后在【收藏的植物】卷展栏中单击【植物库】按钮，如图 3-82 所示。

2 在【配置调色板】对话框中双击要添加至调色板或从调色板中删除的每行植物，然后单击【确定】按钮，如图 3-83 所示。

图 3-82　打开植物库

图 3-83　选择要添加到调色板的植物

3 在【收藏的植物】卷展栏上，选择步骤 2 中添加的【垂柳】植物并将该植物拖动到视口中的某个位置，如图 3-84 所示。或者在卷展栏中选择植物，然后在视口中单击以放置植物。

图 3-84　添加植物到场景

4 使用鼠标按住 ViewCube 导航的边并拖动，调整视图，然后在【视口导航】工具栏中按下【缩放】按钮 ，缩小视图以查看垂柳的整体效果，如图 3-85 所示。

图 3-85　调整视图以查看植物的效果

3.5　评测习题

1．填充题

（1）在【创建】面板上，几何体和图形类别提供了＿＿＿＿＿＿＿＿来组合或修改更复杂的对象，这些是预备使用的参数对象。

（2）＿＿＿＿＿＿＿功能用于生成诸如直立、反转、截断的圆形圆锥体。

（3）＿＿＿＿＿＿＿对象是一个能连接两个对象的弹性对象，因而能反映这两个对象的运动。

（4）＿＿＿＿＿＿＿对象专为在建筑、工程和构造领域中使用而设计，其中包括植物、栏杆、墙对象。

2．选择题

（1）在 3ds Max 中，可以创建四种类型的楼梯，其中不包括哪种类型的楼梯？　（　　　）

　　A．螺旋楼梯　　　　B．圆环楼梯　　　　C．L 型楼梯　　　　D．U 型楼梯

（2）在 3ds Max 中，可以创建几种不同类型的窗口对象？　　　　　　　（　　）

　　A．5 种　　　　　　B．6 种　　　　　　C．8 种　　　　　　D．10 种

（3）使用哪项功能可以基于三类规则多面体制作球体和半球？　　　　　（　　）

　　A．异面体　　　　　B．球体　　　　　　C．几何球体　　　　D．球棱柱

（4）使用哪个功能可以创建类似星形的多面体对象？　　　　　　　　　（　　）

　　A．几何球体　　　　B．纺锤　　　　　　C．环形结　　　　　D．异面体

3．判断题

（1）使用【键盘输入】卷展栏通过键盘可以创建多种几何基本体。在单个操作中，可以同时定义对象的初始大小和其三维位置。　　　　　　　　　　　　　　　　（　　）

（2）弹簧对象是一个能连接两个对象的弹性对象，因而能反映这两个对象的运动。（　　）

4．操作题

在视口中绘制一个高度较小的圆柱体，再绘制一个完整的茶壶对象，然后将茶壶对象放置在圆柱体上，如图 3-86 所示。

图 3-86　绘制多个圆环的效果

操作提示

（1）新建一个场景文件，在【创建】面板中单击【圆柱体】按钮，在视口中拖动并释放以定义底部的半径，然后上移或下移鼠标定义圆柱体高度。

（2）在【创建】面板中，设置圆柱体的半径为 30、高度为 8、边数为 40。

（3）在【创建】面板的【对象类型】卷展栏中单击【茶壶】按钮，然后在【创建方法】卷展栏中选择【中心】单选项，再选择全部茶壶部件。

（4）将鼠标指针移到视口的场景中，然后按住鼠标拖动创建出茶壶对象。

（5）使用【选择并移动】功能，并适当切换视图，将茶壶对象放置在圆柱体上方中央处。

第 4 章　进阶建模——图形与复合对象

学习目标

本章将介绍 3ds Max 建模的进阶知识，包括样条线、扩展样条线等图形和各种复合对象创建和应用的详细方法。

学习重点

☑ 创建各种样条线
☑ 创建各种扩展样条线
☑ 创建和应用复合对象

4.1　创建样条线

样条线基本体提供了预定义的形状，除直线样条线外，它为各种样条线提供了徒手绘制的方法。

4.1.1　线形

使用【线】功能可创建多个分段组成的自由形式样条线。

动手操作　创建多段线和曲线

1 新建一个场景，打开【创建】面板，再单击【图形】按钮，然后选择【样条线】子类别并单击【线】按钮，在【创建方法】卷展栏中选择初始类型和拖动类型均为【角点】，如图 4-1 所示。

2 在视口中单击创建角顶点，然后移动鼠标并单击添加另一个角顶点，如图 4-2 所示。

图 4-1　单击【线】按钮并设置方法

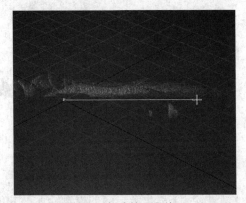

图 4-2　创建第一段线形

3 使用步骤 2 的方法，再次创建多个角顶点，然后单击鼠标右键即可完成绘制多段线的操作，如图 4-3 所示。

4 在【创建】面板的【创建方法】卷展栏中选择【初始类型】和【拖动类型】均为【平滑】，然后在视口中单击创建顶点，再移动鼠标后单击创建第二个顶点，然后使用相同的方法创建多个顶点，即可绘制出弯曲的线形，如图 4-4 所示。

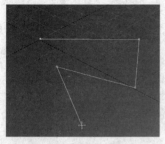

图 4-3　创建出多段线　　　　　　　　图 4-4　创建弯曲的线形

 要创建闭合样条线，可以单击第一个顶点，然后在【样条线】对话框中单击【是】按钮，即可合并第一个顶点和最后一个顶点，如图 4-5 所示。单击【否】可以继续创建样条线。

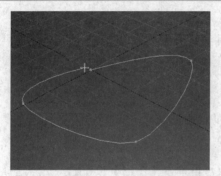

图 4-5　闭合样条线

【线】参数设置如下：

● 【初始类型】组：当单击顶点位置时设置所创建顶点的类型。

➢ 角点：产生一个尖端。样条线在顶点的任意一边都是线性的。

➢ 平滑：通过顶点产生一条平滑、不可调整的曲线。由顶点的间距来设置曲率的数量。

● 【拖动类型】组：当拖动顶点位置时设置所创建顶点的类型。顶点位于第一次按下鼠标键的光标所在位置。拖动的方向和距离仅在创建 Bezier（贝塞尔曲线）顶点时产生作用。

➢ 角点：产生一个尖端。样条线在顶点的任意一边都是线性的。

➢ 平滑：通过顶点产生一条平滑、不可调整的曲线。由顶点的间距来设置曲率的数量。

➢ Bezier（贝塞尔曲线）：通过顶点产生一条平滑、可调整的曲线。通过在每个顶点拖动鼠标来设置曲率的值和曲线的方向。

● 【键盘输入】卷展栏：线的键盘输入与其他样条线的键盘输入不同。输入键盘值继续向现有的线添加顶点，直到单击【关闭】按钮或【完成】按钮。

➢ 添加点：在当前 X/Z 坐标上对线添加新的点。

➢ 闭合：使图形闭合，在最后和最初的顶点间添加一条最终的样条线线段。

➢ 完成：完成该样条线而不将它闭合。

4.1.2 矩形

使用【矩形】功能，可以创建方形和矩形样条线。

动手操作 创建矩形

1 单击【创建】面板的【图形】按钮并选择【样条线】子类别，然后单击【矩形】按钮，选择在【创建方法】卷展栏中选择创建方法。

2 如果选择【边】方法，可以在视口中拖动鼠标并单击，以拖动对角线的方式创建出矩形，如图 4-6 所示。如果选择【中心】方法，同样在视口中拖动鼠标创建矩形，而鼠标初始单击的位置即为矩形的中心，如图 4-7 所示。

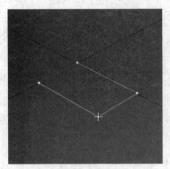
图 4-6 以【边】方法创建矩形

图 4-7 以【中心】方法创建矩形

【矩形】参数设置如下：

- 长度：指定矩形沿着局部 Y 轴的大小。
- 宽度：指定矩形沿着局部 X 轴的大小。
- 角半径：创建圆角。设置为 0 时，矩形包含 90 度角。如图 4-8 所示为角半径设置为 2 和 10 时的效果。

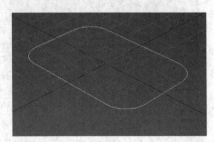
图 4-8 创建圆角矩形图形

4.1.3 星形

使用【星形】功能可以创建具有很多点的闭合星形样条线。星形样条线使用两个半径来设置外部点和内谷之间的距离。

动手操作 创建星形

1 单击【创建】面板的【图形】按钮并选择【样条线】子类别，然后单击【星形】按钮，接着在【参数】卷展栏中设置【点】值。

2 在视口中拖动并释放鼠标定义第一个半径，然后移动鼠标并单击，定义第二个半径。根据移动鼠标的方式，第二个半径可能小于或大于第一个半径，甚至相等，如图4-9所示。

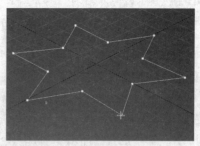

图4-9 创建星形

【星形】参数设置如下：

- 半径 1：星形第一组顶点的半径。在创建星形时，通过第一次拖动来交互设置这个半径。
- 半径 2：星形第二组顶点的半径。通过在完成星形时移动鼠标并单击来交互设置这个半径。
- 点：星形上的点数。范围从 3~100。星形所拥有的顶点数是指定点数的两倍。一半的顶点位于半径1上，剩余顶点位于半径2上。
- 扭曲：围绕星形中心旋转半径2顶点，从而生成锯齿形效果，如图4-10所示。
- 圆角半径1：圆化第一组顶点，每个点生成两个 Bezier（贝塞尔曲线）顶点。
- 圆角半径2：圆化第二组顶点，每个点生成两个 Bezier（贝塞尔曲线）顶点。

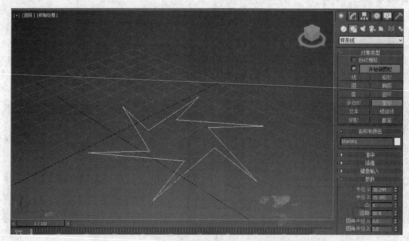

图4-10 设置星形的扭曲参数

4.1.4 多边形

使用【多边形】功能可创建具有任意面数或顶点数的闭合平面或圆形样条线。

单击【创建】面板的【图形】按钮，选择【样条线】子类别，单击【多边形】按钮，通过【参数】卷展栏中设置边数，在视口中拖动并释放鼠标按钮即可绘制多边形，如图4-11所示。

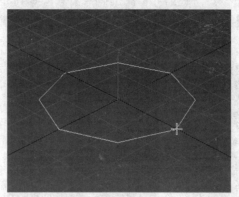

图 4-11 绘制多边形

【多边形】参数设置如下：

- 半径：径向中心到边的距离。可使用以下两种方法之一来指定半径：
  - ➢ 内切：径向中心到各角的距离。
  - ➢ 外切：径向中心到各侧边中心的距离。
- 边数：边的数量。范围为 3~100。
- 角半径：要应用于各角的圆角的度数。值 0 指定标准非圆角。值大于 0 则每个角生成两个 Bezier（贝塞尔曲线）顶点，如图 4-12 所示。
- 圆形：启用该选项之后，将指定圆形"多边形"。这相当于圆形样条线，但可能顶点数量不同（圆形样条线有四个顶点）。

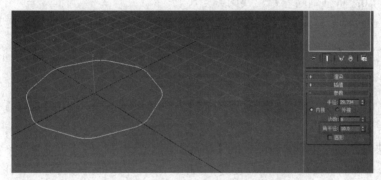

图 4-12 多边形设置角半径的效果

4.1.5 螺旋线

使用【螺旋线】功能可创建开口平面或 3D 螺旋线或螺旋，如图 4-13 所示。

与其他样条线对象不同，在默认情况下，螺旋线的分段设置为"线"类型。这意味着如果将对象转换为可编辑样条线，然后将其顶点转换为 Bezier（贝塞尔曲线）类型，则不能通过移动 Bezier 控制柄来编辑顶点。为此，要先将螺旋线的任意或所有分段转换为曲线。

图 4-13 各种螺旋线

其创建方法为：单击【创建】面板的【图形】按钮 ，选择【样条线】子类别，然后单击【螺旋线】按钮，选择创建的方法。在视口中拖放以设定螺旋线的起始点及其起始半径（【中心】

方法）或直径（【边】方法），然后垂直移动鼠标并单击定义高度，移动鼠标并单击定义结束半径，如图 4-14 所示。

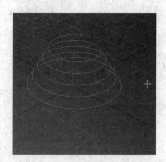

图 4-14　创建螺旋线

【螺旋线】参数设置如下：

- 半径 1：指定螺旋线起点的半径。
- 半径 2：指定螺旋线终点的半径。
- 高度：指定螺旋线的高度。
- 圈数：指定螺旋线起点和终点之间的圈数。
- 偏移：强制在螺旋线的一端累积圈数。高度为 0.0 时，偏移的影响不可见。
  - 偏移 1.0：将强制向着螺旋线的起点旋转。
  - 偏移 0.0：将在端点之间平均分配旋转。
  - 偏移 1.0：将强制向着螺旋线的终点旋转。
- 顺时针/逆时针：方向按钮，设置螺旋线的旋转是顺时针（CW）还是逆时针（CCW）。

4.1.6　其他样条线基本体

1. 圆/椭圆

使用【圆】功能可以创建由四个顶点组成的闭合圆形样条线。使用【椭圆】功能可以创建椭圆形和圆形样条线。

其创建方法为：单击【创建】面板的【图形】按钮，并选择【样条线】子类别，然后单击【圆】按钮或【椭圆】按钮，再选择创建的方法，在视口中拖动即可绘制圆形或椭圆形，如图 4-15 所示。

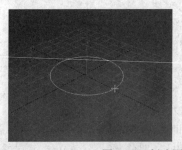

图 4-15　创建圆形或椭圆形

2. 弧

使用【弧】功能可以创建由四个顶点组成的打开和闭合部分圆形。

（1）【端点-端点-中央】的方法：单击【弧】按钮，选择创建方法为【端点-端点-中央】，在视口中拖动设置弧形的两端，然后移动鼠标并单击指定两个端点之间弧形上的第三个点即可，如图 4-16 所示。

图 4-16　绘制弧线

（2）【中间-端点-端点】的方法：单击【弧】按钮，选择创建方法为【中间-端点-端点】，按下鼠标按钮设置弧形的半径圆心，再拖动并释放鼠标按钮定义弧形的起点，然后移动鼠标并单击指定弧形的其他端即可，如图 4-17 所示。

图 4-17　使用另一种方法绘制弧线

3. 圆环

使用【圆环】功能可以通过两个同心圆创建封闭的形状。每个圆都由四个顶点组成。

其创建方法为：单击【圆环】按钮，选择一个创建方法，然后拖动并释放鼠标按钮定义第一个圆环圆形，接着移动鼠标并单击定义第二个同心圆环圆形的半径，如图 4-18 所示。

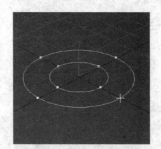

图 4-18　绘制圆环

4. 卵形

使用【卵形】功能可创建卵形图形。卵形图形是只有一条对称轴的椭圆形。

其创建方法为：单击【卵形】按钮，在视口中垂直拖动设定卵形的初始尺寸，然后水平拖动更改卵形的方向（其角度）即可，如图 4-19 所示。

图 4-19　绘制卵形

4.2　创建扩展样条线

扩展样条线是对原始样条线集的增强。

4.2.1　墙矩形样条线

使用【墙矩形】功能可以通过两个同心矩形创建封闭的形状。每个矩形都由四个顶点组成。墙矩形与【圆环】功能相似，只是其使用矩形而不是圆。

其创建方法为：单击【创建】面板的【图形】按钮 ，选择【扩展样条线】子类别，单击【墙矩形】按钮。拖动并释放鼠标按钮定义外部的矩形，然后移动鼠标并单击定义内部的矩形即可，如图 4-20 所示。

图 4-20　创建墙矩形样条线

4.2.2　通道样条线

使用【通道】功能可以创建一个闭合形状为 "C" 的样条线。可以选择指定该部分的垂直网和水平腿之间的内部和外部角。

其创建方法为：单击【创建】面板的【图形】按钮 ，选择【扩展样条线】子类别，单击【通道】按钮，接着拖动并释放鼠标按钮定义通道的外围周界，再移动鼠标并单击定义该通道的墙的厚度即可，如图 4-21 所示。

图 4-21　创建通道样条线

4.2.3 角度样条线

使用【角度】功能可以创建一个闭合形状为 "L" 的样条线。可以选择指定该部分的垂直腿和水平腿之间的角半径。

其创建方法为：单击【创建】面板的【图形】按钮，选择【扩展样条线】子类别，单击【角度】按钮，接着拖动并释放鼠标按钮定义角度的初始大小，再移动鼠标并单击定义该角度的墙的厚度，如图 4-22 所示。

图 4-22 创建角度样条线

4.2.4 T 形样条线

使用【T 形】功能可以通过三通样条线创建一个闭合形状为 T 形样条线。可以指定样条线的垂直网和水平凸缘之间的两个内部角半径。

其创建方法为：单击【创建】面板的【图形】按钮，选择【扩展样条线】子类别，然后单击【T 形】按钮，接着拖动并释放鼠标按钮定义三通的初始大小，再移动鼠标并单击以定义该三通的墙的厚度，如图 4-23 所示。

图 4-23 创建 T 形样条线

4.2.5 宽法兰样条线

使用【宽法兰】功能可以创建一个闭合的形状为 I 形的样条线。可以指定该部分的垂直网和水平凸缘之间的内部角。

其创建方法为：单击【创建】面板的【图形】按钮，选择【扩展样条线】子类别，单击【宽法兰】按钮，拖动并释放鼠标按钮定义该宽法兰的初始大小，再移动鼠标并单击，定义该宽法兰的墙的厚度即可，如图 4-24 所示。

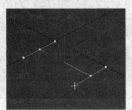

图 4-24 创建宽法兰样条线

4.3 应用复合对象

复合对象通常将两个或多个现有对象组合成单个对象。下面将介绍各种复合对象的应用。

4.3.1 变形复合对象

变形是一种与 2D 动画中的中间动画类似的动画技术。【变形】对象可以合并两个或多个对象，其方法是插补第一个对象的顶点，使其与另外一个对象的顶点位置相符。如果随时执行这项插补操作，将会生成变形动画。

1. 创建变形的条件

原始对象称作种子或基础对象。种子对象变形成的对象称作目标对象。

可以对一个种子执行变形操作，使其成为多个目标。此时，种子对象的形式会发生连续更改，以符合播放动画时目标对象的形式。在创建变形之前，种子和目标对象必须满足下列条件：

（1）这两个对象必须是网格、面片或多边形对象。

（2）这两个对象必须包含相同的顶点数。

如果不满足上述条件，将无法使用【变形】按钮。只要目标对象是与种子对象的顶点数相同的网格，就可以将各种对象用作变形目标对象，包括动画对象或其他变形对象。

2. 完成变形的一般步骤

创建变形时，需要执行下列步骤：

（1）为基础对象和目标对象建立模型。

（2）选择基本对象。

（3）通过【创建】面板执行【变形】功能。

（4）添加目标对象。

（5）设置动画。

动手操作 为长方体应用变形

1 打开素材库中的 ".\Example\Ch04\4.3.1.max" 练习文件，在视口中选择左侧的长方体对象，再单击鼠标右键并选择【移动】命令，如图 4-25 所示。

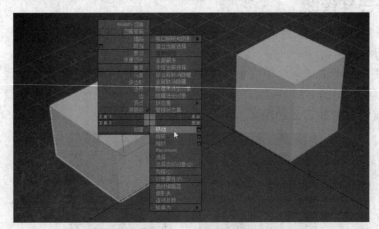

图 4-25 选择对象并执行移动

2 在命令面板中切换到【修改】面板，然后在【选择】卷展栏中单击【边】按钮，再选择左侧长方体的一个边并沿 Y 轴移动，如图 4-26 所示。

3 选择长方体顶面的另外一条边，再沿着 Y 轴移动，然后使用相同的方法选择长方体底面的一条边并移动，如图 4-27 所示。

4 在【修改】面板中单击【可编辑多边形】项，取消编辑边的状态，然后在视口中选择右侧的长方体对象，如图 4-28 所示。

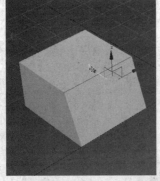

图 4-26　编辑长方体的一个边　　　　图 4-27　编辑长方体的其他边

图 4-28　退出编辑边并选择长方体对象

5 单击【创建】按钮切换到【创建】面板，在子类别列表框中选择【复合对象】选项，单击【变形】按钮，接着单击【拾取目标】按钮，在修改边的对象上单击以选择该对象，此时右侧的长方体对象将参考选定的对象产生变形，如图 4-29 所示。

图 4-29　执行变形复合对象处理

4.3.2 散布复合对象

散布是复合对象的一种形式，可以将所选的源对象散布为阵列，或散布到分布对象的表面。

1. 仅使用变换散布对象

其方法为：在视口中选择作为散布的源对象，在【创建】面板的【复合对象】子类别中单击【散布】按钮。在【散布对象】卷展栏中选择【仅使用变换】单选项，然后在【源对象参数】框中设置重复数，接着调整【变换】卷展栏上的微调器，设置源对象的随机变换偏移即可，如图 4-30 所示。

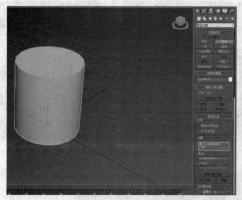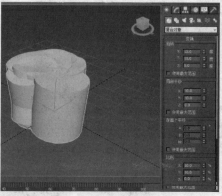

图 4-30 仅使用变换散布对象

2. 使用分布对象散布对象

🔎 **动手操作　使用分布对象散布源对象**

1 打开素材库中的 "..\Example\Ch04\4.3.2.max" 练习文件，在【创建】面板中选择【标准基本体】子类别，在【对象类型】卷展栏中单击【球体】按钮，再选择创建方法为【中心】，然后在视口中创建一个球体，如图 4-31 所示。

2 选择球体对象，在【创建】面板中选择【复合对象】子类别，单击【散布】按钮，单击【拾取分布对象】按钮，接着在平面对象上单击将其选择，如图 4-32 所示。

图 4-31 创建球体

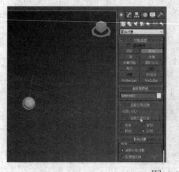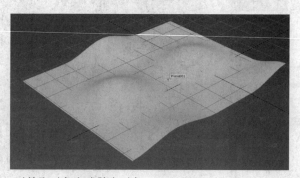

图 4-32 以拾取对象方式散布对象

3 散布对象后，在【源对象参数】框中设置重复数为 20，再设置分布方式为【区域】，如图 4-33 所示。

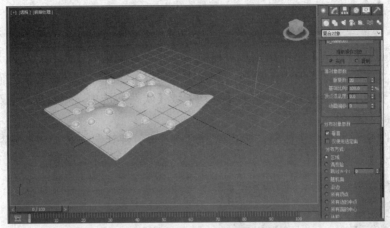

图 4-33 设置源对象参数和分布方式

4 打开【变换】卷展栏，然后分别设置局部平移、在面上平移等参数，如图 4-34 所示。

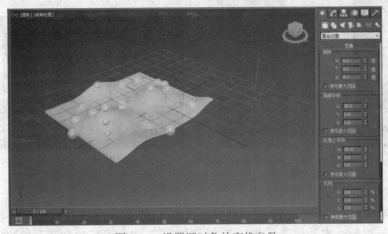

图 4-34 设置源对象的变换参数

4.3.3 一致复合对象

一致对象是一种复合对象，通过将某个对象（称为【包裹器】）的顶点投影至另一个对象（称为【包裹对象】）的表面而创建。

动手操作 一致复合对象

1 定位两个对象，其中一个为"包裹器"，另一个为"包裹对象"。在本例中，创建一个长方体作为包裹对象，再创建一个将其完全包裹在内的球体，作为包裹器，如图 4-35 所示。

2 选择包裹器对象（球体），然后在【创建】面板的【几何体】选项卡中设置子类别为【复合对象】，在【对象类型】卷展栏中单击【一致】按钮。

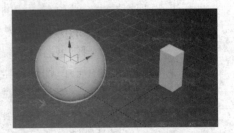

图 4-35 创建包裹器和包裹对象

97

【一致】中所使用的两个对象必须是网格对象或可以转化为网格对象的对象。如果所选的包裹器对象无效，则【一致】按钮不可用。

3 在【顶点投射方向】组中指定顶点投射的方法。本例选择【沿顶点法线】单选项，如图 4-36 所示。如果要选择【使用活动视口】方法，则将激活方向为顶点投射方向的视口。

4 根据需要选择【参考】、【复制】、【移动】或【实例】选项，指定要对包裹对象执行的克隆类型，如图 4-37 所示。

5 单击【拾取包裹对象】按钮，然后单击顶点要投射到其上的对象（本例为长方体），通过将包裹器对象【一致】到包裹对象，从而创建复合对象，如图 4-38 所示。

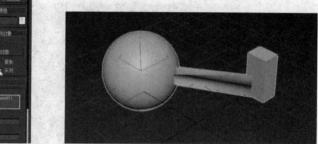

图 4-36　指定顶点投射方法　　图 4-37　设置克隆类型　　　图 4-38　创建一致复合对象

【顶点投射方向】设置说明如下：
- 使用活动视口：远离活动视口（向内）投射顶点。
- 重新计算投影：重新计算活动视口的投射方向。由于方向最初是在拾取包裹对象时指定的，因此，如果要在指定后更改视口，可单击此按钮根据新的活动窗重新计算方向。
- 使用任何对象的 Z 轴：使用场景中任何对象的局部 Z 轴作为方向。指定对象之后，可以通过旋转方向对象来改变顶点投射的方向。
- 拾取 Z 轴对象：单击此按钮，然后单击要用于指示投射源方向的对象。
- 对象：显示方向对象的名称。
  - 沿顶点法线：沿顶点法线的相反方向向内投射包裹器对象的顶点。顶点法线是通过对该顶点连接的所有面的法线求平均值所产生的向量。如果包裹器对象将包裹对象包围在内，则包裹器将呈现包裹对象的形式。
  - 指向包裹器中心：朝包裹器对象的边界中心投射顶点。
  - 指向包裹器轴：朝包裹器对象的原始轴心投射顶点。
  - 指向包裹对象中心：朝包裹对象的边界中心投射顶点。
  - 指向包裹对象轴：朝包裹对象的轴心投射顶点。

4.3.4　连接复合对象

使用【连接】复合对象，可通过对象表面的"洞"连接两个或多个对象。

要执行此操作，需要删除每个对象的面，在其表面创建一个或多个洞，并确定洞的位置，以使洞与洞之间面对面，然后应用连接。如图 4-39 所示为连接杯体和杯环的效果。

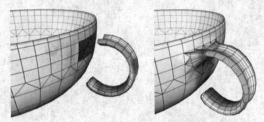

图 4-39　应用连接复合对象的效果

使用【连接】复合对象时的注意事项：

（1）可以对具有多组洞的对象应用【连接】。【连接】将尽其所能匹配两个对象之间的洞。

（2）指定给两个原始对象的贴图坐标也将尽可能保持。根据两组原始贴图坐标和几何体类型的复杂程度与差距的不同，在桥区域中可能会存在不规则内容。

（3）对于网格中各个洞之间的桥，【连接】会尽可能生成最佳的贴图坐标。虽然在某些理想的情况中，如一个圆柱体位于另一个圆柱体之上，可以生成不错的 UVW 贴图插值，但大多数情况下则不行。

问：什么是 UVW？

答：UVW 其实对应的就是空间坐标的 *XYZ*，或者说和 *XYZ* 的概念相同。一般来说，UVW 用来代表贴图坐系，*XYZ* 代表空间坐标系，其概念相同。

动手操作　连接复合对象

1 创建两个网格对象，然后删除每个对象上的面，在对象要架桥的位置创建洞，如图 4-40 所示。此步操作要确定对象的位置，以使其中一个对象的已删除面的法线指向另一个对象的已删除面的法线（假设已删除面具有法线）。

图 4-40　删除对象上的面以创建洞

2 选择其中一个对象。在【创建】面板上选择【复合对象】子类别，然后在【对象类型】

卷展栏中单击【连接】按钮，接着单击【拾取操作对象】按钮并选择另一个对象，如图 4-41
所示。

图 4-41　创建连接复合对象

3 此时将生成【连接】两个对象中的洞的面，如图 4-42 所示。

图 4-42　连接复合对象的效果

4.3.5　布尔复合对象

布尔复合对象通过对其他两个对象执行布尔操作将它们组合起来。

1．几何体的布尔操作

● 并集：布尔型对象包含两个原始对象的体积，将移除几何体的相交部分或重叠部分，
如图 4-43 所示。

图 4-43　原始对象与进行并集布尔操作的效果

● 交集：布尔型对象只包含两个原始对象公用的体积（即重叠的位置），如图 4-44 所示。

图 4-44　原始对象与进行交集布尔操作的效果

● 差集（或差）：布尔型对象包含从中减去相交体积的原始对象的体积，如图 4-45 所示。

图 4-45　原始对象与进行差集布尔操作的效果

2. 执行布尔操作时组合材质方式

如果对指定了材质的对象执行布尔操作，3ds Max 将按照以下方式组合材质：

（1）如果操作对象 A 无材质，则继承操作对象 B 的材质。

（2）如果操作对象 B 无材质，则继承操作对象 A 的材质。

（3）如果两个操作对象均有材质，则最终的材质为对两个操作对象的材质进行组合后的"多维/子对象"材质。

动手操作　布尔复合对象

1 选择对象为操作对象 A，然后单击【布尔】按钮，操作对象 A 的名称显示在【参数】卷展栏的【操作对象】列表中。

2 在【拾取布尔】卷展栏上选择操作对象 B 的复制方法，然后在【参数】卷展栏上选择要执行的布尔操作：并集、交集、差集（A-B）或差集（B-A），还可以选择【切割】的操作之一，如图 4-46 所示。

3 在【拾取布尔】卷展栏上，单击【拾取操作对象 B】按钮，然后单击视口以选择操作对象 B，此时 3ds Max 将执行布尔操作，如图 4-47 所示。

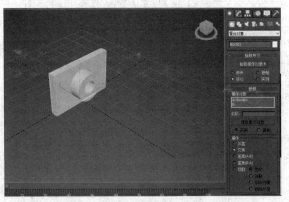

图 4-46　设置拾取布尔的操作

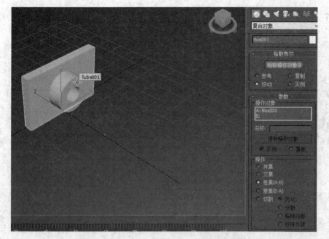

图 4-47　进行差集（A-B）布尔操作的效果

【运算】选项组说明如下：

- 并集：布尔对象包含两个原始对象的体积。将移除几何体的相交部分或重叠部分。
- 交集：布尔对象只包含两个原始对象共用的体积（也就是说，重叠的位置）。
- 差集（A-B）：从操作对象 A 中减去相交的操作对象 B 的体积。布尔对象包含从中减去相交体积的操作对象 A 的体积。
- 差集（B-A）：从操作对象 B 中减去相交的操作对象 A 的体积。布尔对象包含从中减去相交体积的操作对象 B 的体积。
- 切割：使用操作对象 B 切割操作对象 A，但不给操作对象 B 的网格添加任何东西。此操作类似于【切片】修改器，不同的是后者使用平面 Gizmo，而【切割】操作使用操作对象 B 的形状作为切割平面。【切割】操作将布尔对象的几何体作为体积，而不是封闭的实体。此操作不会将操作对象 B 的几何体添加至操作对象 A 中。操作对象 B 相交部分定义了改变操作对象 A 中几何体的剪切区域。切割有下面 4 种类型：
  - 优化：在操作对象 B 与操作对象 A 面的相交之处，在操作对象 A 上添加新的顶点和边。3ds Max 将采用操作对象 B 相交区域内的面来优化操作对象 A 的结果几何体。由相交部分所切割的面被细分为新的面。可以使用此选项来优化包含文本的长方体，以便为对象指定单独的材质 ID。
  - 分割：类似于"优化"，不过此种剪切还沿着操作对象 B 剪切操作对象 A 的边界添加第二组顶点和边或两组顶点和边。此选项产生属于同一个网格的两个元素。可使用"分割"沿着另一个对象的边界将一个对象分为两个部分。
  - 移除内部：删除位于操作对象 B 内部的操作对象 A 的所有面。此选项可修改和删除位于操作对象 B 相交区域内部的操作对象 A 的面。它类似于【差集】操作，不同的是 3ds Max 不添加来自操作对象 B 的面。可使用【移除内部】从几何体中删除特定区域。
  - 移除外部：删除位于操作对象 B 外部的操作对象 A 的所有面。此选项可修改和删除位于操作对象 B 相交区域外部的操作对象 A 的面。它类似于【交集】操作，不同的是 3ds Max 不添加来自操作对象 B 的面。可使用【移除外部】从几何体中删除特定区域。

4.3.6　ProBoolean 复合对象

1. 概述

布尔对象通过对两个或多个其他对象执行布尔运算将它们组合起来。ProBoolean 将大量功能添加到传统的 3ds Max 布尔型对象中，如能够每次使用不同的布尔运算一次合并多个对象。

ProBoolean 复合对象在执行布尔运算之前，采用了 3ds Max 网格并增加了额外的智能技术。首先它组合了拓扑，然后确定共面三角形并移除附带的边，且不是在这些三角形上而是在 N 多边形上执行布尔运算。完成布尔运算之后，对结果执行重复三角算法，接着在共面的边隐藏的情况下将结果发送回 3ds Max 中。这样复合处理工作的结果有双重意义：布尔对象的可靠性非常高，因为有更少的小边和三角形，因此结果输出更清晰。

与传统的 3ds Max 布尔复合对象相比，ProBoolean 的优势包括：

（1）网格质量更好：小边较少，并且窄三角形也较少。

（2）网格较小：顶点和面较少。

（3）使用更容易更快捷：每个布尔运算都有无限的对象。

（4）网格看上去更清晰：共面边仍然隐藏。

（5）整合的百分数和四边形网格。

 ProBoolean 是一种对布尔复合对象进行了改进和更新，并且更加全面的实现。通常建议在组合 3D 对象时使用 ProBoolean 而非布尔。

2. 支持的布尔运算

ProBoolean 支持并集、交集、差集、合并、附加和插入。前三个运算与标准布尔复合对象中执行的运算很相似。"合集"运算相交并组合两个网格，不用移除任何原始多边形。对于需要有选择地移除网格的某些部分的情况，这可能很有用。

附加操作可将多个对象合并成一个对象，而不影响各对象的拓扑；各对象实质上是复合对象中的独立元素。而插入操作会从操作对象 B 减去操作对象 A 的边界图形，然后用操作对象 A 替换切掉的部分。

此外，ProBoolean 还支持的布尔运算的两个变体：盖印和切面切割器。【盖印】选项在运算对象和原始网格中插入（盖印）相交边，而不用移除或添加面。【盖印】只分割面，并将新边添加到基本对象（原始选定对象）的网格中。切面切割器执行指定的布尔运算，但不会将运算对象的面添加到原始网格中。可以使用它在网格中剪切一个洞，或获取网格在其他对象内部的部分。

🐾 动手操作　ProBoolean 复合对象

1 为布尔运算设置对象，再选择基本对象（在本示例中选择长方体），然后在【创建】面板中选择【复合对象】子类别，单击【ProBoolean】按钮。

2 在【参数】卷展栏上，选择要使用的布尔运算类型，还要选择 3ds Max 如何将拾取的下一个运算对象传输到布尔型对象（参考、复制、移动或实例），如图 4-48 所示。

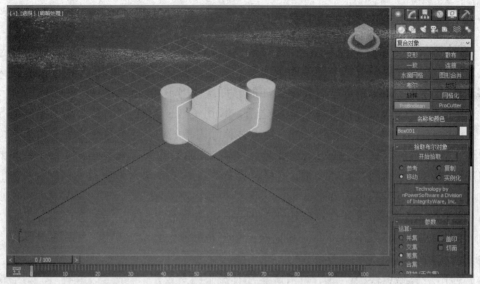

图 4-48　选择基本对象并准备创建 ProBoolean 复合对象

3 单击【开始拾取】按钮，拾取一个或多个对象参与布尔运算，如图 4-49 所示。拾取对象时，还可以为每个新拾取的对象更改布尔运算（合并等）和选项（切面或盖印），并将下一个操作对象传输到布尔（参考、复制等）和【应用材质】选项。

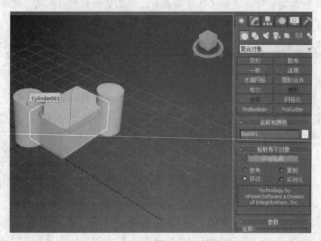
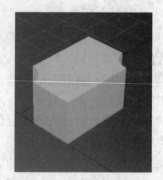

图 4-49　拾取参与布尔运算的对象

4.3.7　ProCutter 复合对象

ProCutter 复合对象能够执行特殊的布尔运算，主要目的是分裂或细分体积。它是一个用于爆炸、断开、装配、建立截面或将对象（如 3D 拼图）拟合在一起的出色的工具。操作的结果尤其适合在模拟中使用，这种情况下，对象将炸开或因外力或其他对象的作用而粉碎。以下是 ProCutter 功能的说明：

（1）使用切割器将原料对象断开为可编辑网格的元素或单独对象，切割器为实体或曲面。

（2）同时在一个或多个原料对象上使用一个或多个切割器。

（3）执行一组切割器对象的体积分解。

（4）多次使用一个切割器，不需要保持历史。

动手操作　ProCutler 复合对象

1 选择要用作剪切器的对象（本例选择软管对象），然后单击【ProCutter】按钮。

2 在【创建】面板的【切割器拾取参数】卷展栏上单击【拾取切割器对象】按钮，然后选择其他切割器。

3 在【切割器拾取参数】卷展栏上单击【拾取原料对象】按钮，然后选择切割器对象要剪切的对象（本例选择长方体对象），如图 4-50 所示。

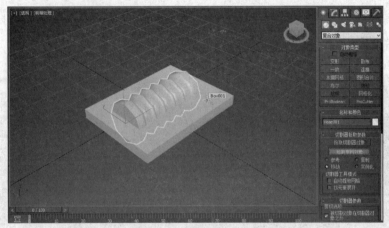

图 4-50　拾取原料对象

4 在【切割器参数】卷展栏【切割器选项】组中，选择希望保留的原始对象的部分，如图 4-51 所示。

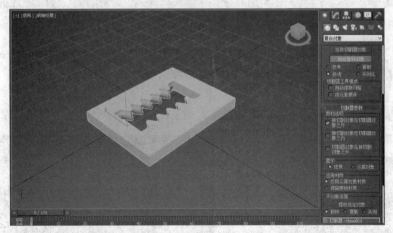

图 4-51　设置切割器选项

4.4　应用其他复合对象

下面介绍其他复合对象的创建和应用。

4.4.1　水滴网格复合对象

水滴网格复合对象可以通过几何体或粒子创建一组球体，还可以将球体连接起来，就好像这些球体是由柔软的液态物质构成的一样。如果球体在离另外一个球体的一定范围内移动，它们就会连接在一起。如果这些球体相互移开，将会重新显示球体的形状。

在 3D 行业，采用这种方式操作的球体的一般术语是变形球。水滴网格复合对象可以根据场景中的指定对象生成变形球。此后，这些变形球会形成一种网格效果，即水滴网格。在设置动画期间，如果要模拟移动和流动的厚重液体和柔软物质，理想的方法是使用水滴网格。

动手操作　水滴网格复合对象

1 创建一个或多个几何体或辅助对象。如果场景需要动画，可以根据需要设置对象的动画。

2 单击【水滴网格】按钮，然后在屏幕中的任意位置处单击，以创建初始变形球，如图 4-52 所示。

图 4-52　创建初始变形球

3 切换到【修改】面板，然后在【水滴对象】组中单击【添加】按钮，再选择要用于创建变形球的对象，如图 4-53 所示。此时，变形球会显示在每个选定对象的每个顶点处或辅助对象的中心。

4 在【参数】卷展栏中，根据需要设置【大小】参数，以便于连接变形球，如图 4-54 所示。

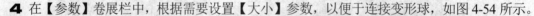

图 4-53　添加水滴对象

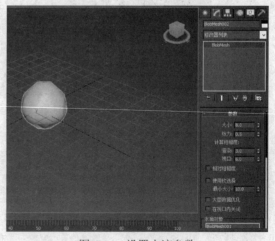

图 4-54　设置水滴参数

4.4.2　图形合并复合对象

使用【图形合并】功能可以创建包含网格对象和一个或多个图形的复合对象。这些图形嵌入在网格中（将更改边与面的模式），或从网格中消失。

🔗 **动手操作　图形合并复合对象**

1 创建一个网格对象和一个或多个图形，然后在视口中对齐图形，使它们朝网格对象的曲面方向进行投射，如图 4-55 所示。

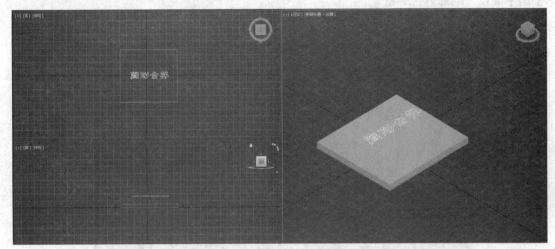

图 4-55　创建网格对象和图形

2 选择网格对象（本例选择长方体），然后单击【图形合并】按钮，再单击【拾取图形】按钮并单击文本图形即可，如图 4-56 所示。

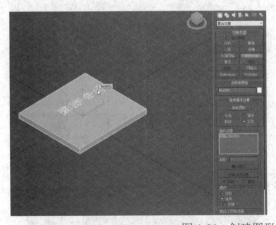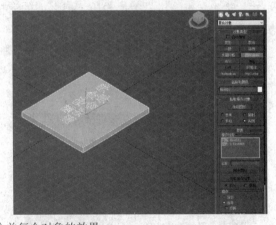

图 4-56　创建图形合并复合对象的效果

4.4.3　地形复合对象

【地形复合对象】通过使用等高线数据来创建行星曲面。

要生成地形，可以选择表示海拔等高线的可编辑样条线，然后使用【地形】功能，3ds Max 即将通过等高线生成网格曲面。此外，还可以创建地形对象的"梯田"表示，使每个层级的轮廓数据都是一个台阶，以便与传统的土地形式研究模型相似。

使用【地形】功能的示例：

（1）以 3D 形式对分级计划的效果进行可视化。

（2）通过研究土地形式的地形波动最大限度地提高视图或太阳光效果。

（3）通过对数据使用颜色来分析海拔的变化。

（4）将建筑物、景观和公路添加到地形模型中，以创建虚拟的城市或社区。

（5）通过将摄影机添加到场景中，从某个地点的特定位置查看走廊并完成隆起分析。

动手操作　地形复合对象

1 导入或创建轮廓数据，如图 4-57 所示。

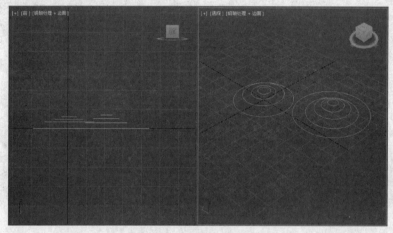

图 4-57　创建的轮廓图形

2 选择轮廓数据，然后单击【地形】按钮，在【按海拔上色】卷展栏上的【基础海拔】框中，输入介于海拔最大值与最小值之间的海拔区域值。在输入值后，单击【添加区域】按钮，如图 4-58 所示。

3 单击【基础颜色】色样，以更改每个海拔区域的颜色。例如，可以使用深蓝色来表示低海拔、浅蓝色来表示中等海拔，并且可能使用绿色来表示较高海拔。设置颜色后，再添加其他区域即可，如图 4-59 所示。

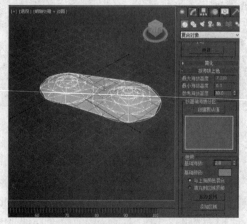

图 4-58　添加第一个地形区域

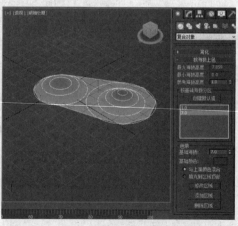

图 4-59　添加其他地形区域

4.4.4　放样复合对象

放样复合对象是沿着第三个轴挤出的二维图形。从两个或多个现有样条线对象中创建放样对象。这些样条线之一会作为路径，其余的样条线会作为放样对象的横截面或图形。沿着路径排列图形时，3ds Max 会在图形之间生成曲面。

可以为任意数量的横截面图形创建作为路径的图形对象。该路径可以成为一个框架，用于保留形成对象的横截面。如果仅在路径上指定一个图形，3ds Max 会假设在路径的每个端点都有一个相同的图形，然后在图形之间生成曲面。

3ds Max 对于创建放样对象的方式没有限制。可以创建曲线的三维路径，甚至三维横截面。

动手操作　放样复合对象

1 创建要成为放样路径的图形，再创建要作为放样横截面的一个或多个图形，如图 4-60 所示。

2 执行下列操作之一：

（1）选择路径图形并单击【放样】按钮，再使用【获取图形】功能将横截面添加到放样，如图 4-61 所示。

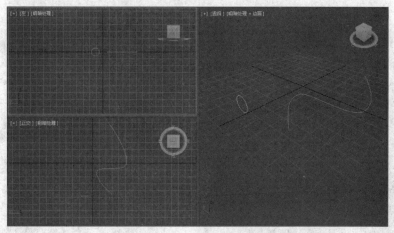

图 4-60　创建放样路径的样条线和放样截面的圆形

（2）选择图形并单击【放样】按钮，再使用【获取路径】功能来对放样指定路径。

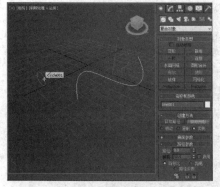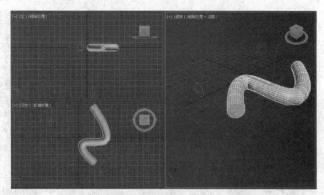

图 4-61　执行放样的效果

中文版 3ds Max 2016 互动教程

4.4.5　网格化复合对象

网格化复合对象以每帧为基准将程序对象转化为网格对象，这样可以应用修改器，如弯曲或 UVW 贴图。它可用于任何类型的对象，但主要为使用粒子系统而设计。【网格化】功能对于复杂修改器堆栈的低空的实例化对象同样有用。

动手操作　网格化复合对象

1 添加并设置粒子系统，本例创建一个【粒子云】粒子系统，如图 4-62 所示。

2 在【创建】面板上单击【网格化】按钮，然后在视口中拖动可以添加【网格化】对象，如图 4-63 所示。

3 切换到【修改】面板，再单击【拾取对象】按钮，然后选择粒子系统，如图 4-64 所示。网格对象变为该粒子系统的克隆，在视口中将粒子显示为网格对象。单击【播放动画】按钮播放动画，查看效果，如图 4-65 所示。

图 4-62　【粒子云】粒子系统

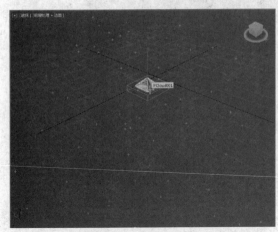

图 4-63　添加【网格化】对象

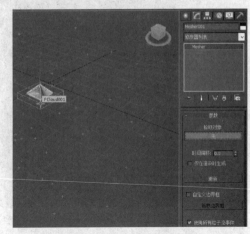

图 4-64　拾取粒子系统

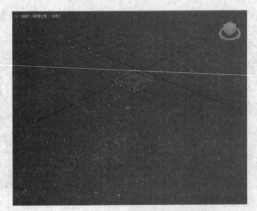

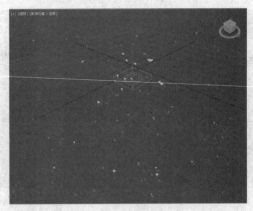

图 4-65　没进行网格化复合处理和使用网格化复合对象的效果对比

110

4.5　技能训练

下面通过多个上机练习实例，巩固所学技能。

4.5.1　上机练习 1：创建汽车模型的截面

截面是一种特殊类型的样条线，它可以通过几何体对象基于横截面切片生成图形。本例将使用【截面】功能，创建汽车模型中的横截面样条线。

🖰 操作步骤

1 打开素材库中的 "..\Example\Ch04\4.5.1.max" 练习文件，在【创建】面板的子类别列表中选择【样条线】选项，然后在面板中单击【截面】按钮，在视口中拖动后释放鼠标创建比汽车模型要大的截面样条线，如图 4-66 所示。

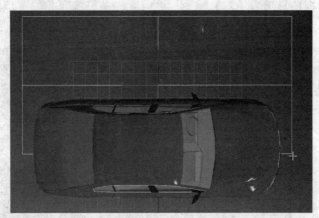

图 4-66　创建截面样条线

2 在主工具栏中单击【选择并旋转】按钮 ⟳，然后选择截面对象，按住【绿色】转轴（ *Y* 轴）拖动到 90 度，使截面在【上】视图中立起来，如图 4-67 所示。

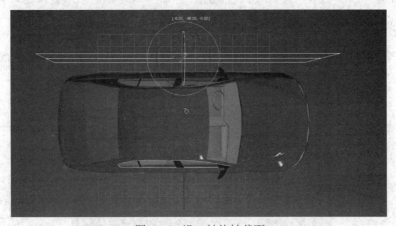

图 4-67　沿 *Y* 轴旋转截面

3 在主工具栏中单击【选择并移动】按钮 ✥，然后选择截面对象，沿 *X* 轴移动截面，使之位于汽车模型的下侧，如图 4-68 所示。

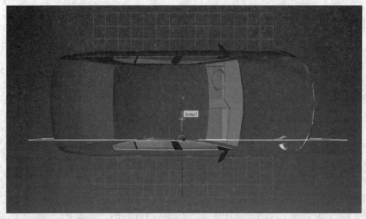

图 4-68　选择并移动截面对象

4 设置视口显示为【左】视图，然后适当调整截面的位置，使之完全遮挡汽车模型，如图 4-69 所示。

图 4-69　在【左】视图中调整截面位置

5 选择截面对象，切换到【修改】面板，然后单击【创建图形】按钮，弹出【命名截面图形】对话框后输入名称，单击【确定】按钮，如图 4-70 所示。

图 4-70　创建截面图形

6 删除截面对象和汽车模型，即可看到汽车模型截面图形的效果，如图 4-71 所示。

图 4-71　查看截面图形的结果

4.5.2　上机练习 2：制作模型的标刻文字

本例先在视口中创建文本样条线并设置属性，然后适当旋转文本，再调整位置，接着使用【图形合并】功能将文本合并到枪支模型的枪托对象上，以制作出模型的标刻文字效果。

操作步骤

1 打开素材库中的 "..\Example\Ch04\4.5.2.max" 练习文件，在【创建】面板的子类别列表中选择【样条线】选项，然后在面板中单击【文本】按钮，接着在视口中单击添加文本，在【创建】面板中修改文本和设置字体、大小，如图 4-72 所示。

2 在主工具栏中单击【选择并旋转】按钮，然后选择截面对象，按住【红色】转轴（X 轴）拖动到 90 度，再次在主工具栏中单击【选择并移动】按钮，在【前】视图中移动文本图形的位置使之对齐枪托对象，如图 4-73 所示。

图 4-72　添加文本图形

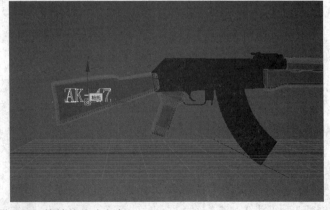

图 4-73　旋转并移动文本

3 选择枪托对象后切换到【创建】面板，选择子类别为【复合对象】，然后单击【图形合并】按钮，选择【拾取图形】按钮，接着选择文本对象，如图 4-74 所示。

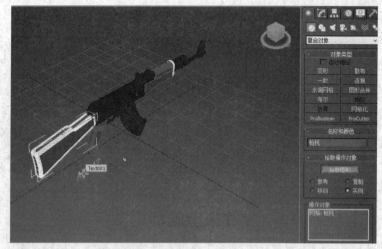

图 4-74　创建复合对象

4 创建复合对象后，删除原来的文本对象，并显示【边面】显示模式，即可看到枪托上出现标刻文字效果，如图 4-75 所示。

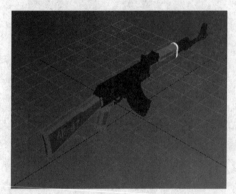

图 4-75　查看模型的标刻文字效果

4.5.3　上机练习 3：将装饰条投射到托盘上

本例将使用【一致】功能，将圆形装饰条对象投射到托盘对象上。在操作过程中，要将装饰条与托盘对象垂直对齐，然后在【上】视图中计算投影。

操作步骤

1 打开素材库中的"..\Example\Ch04\4.5.3.max"练习文件，切换到【上】视图，在主工具栏上单击【选择并移动】按钮，将托盘对象移到装饰条对象正下方，如图 4-76 所示。

2 在透视视图中选择装饰条对象，再在【创建】面板中单击【一致】按钮，然后单击【拾取包裹对象】按钮并选择托盘对象，如图 4-77所示。

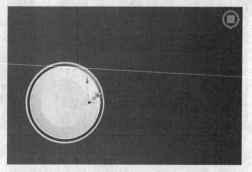

图 4-76　切换视图并移动托盘对象的位置

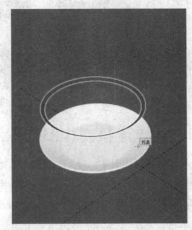

图 4-77　创建一致对象

3 由于是透视视图，所以【一致】对象在计算投影时出现偏差，如图 4-78 所示。

图 4-78　初次计算投影的效果

4 切换到【上】视图，在【创建】面板中选择【使用活动视口】单选项，单击【重新计算投影】按钮，将装饰条正确投射到托盘对象上，如图 4-79 所示。投射的效果如图 4-80 所示。

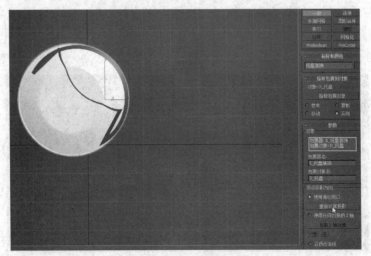

图 4-79　重新计算投影

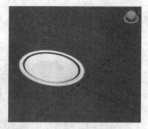

图 4-80　将装饰条投射到托盘的最终效果

4.5.4　上机练习 4：通过连接制作旧式保温壶

本例先在视口中绘制一个较小的圆柱体，设置该圆柱体的参数，然后通过不同的视图调整小圆柱体的位置，再分别将两个圆柱体转换为可编辑网格对象，接着删除大圆柱体顶面和小圆柱体底面，最后使用【连接】功能连接两个圆柱体即可。

操作步骤

1 打开素材库中的 "..\Example\Ch04\4.5.4.max" 练习文件，在视口中创建一个较小的圆柱体，在【创建】面板中设置半径为 8、高度为 10，如图 4-81 所示。

2 在主工具栏上单击【选择并移动】按钮，在【前】视图中移动小圆柱体，然后在【上】视图中再次移动小圆柱体，使之位于大圆柱体正上方，如图 4-82 所示。

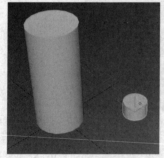

图 4-81　创建圆柱体并设置参数　　　　　　　图 4-82　调整小圆柱体的位置

3 切换到透视视图，选择大圆柱体，切换到【修改】面板，在对象名称上单击鼠标右键并选择【可编辑网格】命令，然后单击【多边形】按钮，选择大圆柱体的顶面，删除该面，如图 4-83 所示。

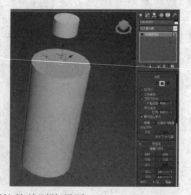

图 4-83　转换大圆柱体并删除顶面

4 选择小圆柱体，切换到【修改】面板，在对象名称上单击鼠标右键并选择【可编辑网格】命令，然后单击【多边形】按钮▣，选择小圆柱体的底面，删除该面，如图 4-84 所示。

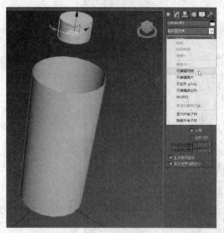

图 4-84 转换小圆柱体并删除底面

5 选择小圆柱体，然后在【创建】面板中单击【连接】按钮，再单击【拾取操作对象】按钮，接着选择大圆柱体即可，如图 4-85 所示。

图 4-85 连接两个圆柱体

4.5.5 上机练习 5：使用 ProBoolean 功能制作零件

本例将使用【ProBoolean】功能为放置在一起的几何体进行复合处理，以通过差集、合并等布尔运算，制作出一个机械零件模型。

🖉 操作步骤

1 打开素材库中的 "..\Example\Ch04\4.5.5.max" 练习文件，在视口中选择黄色的圆柱体，然后在【创建】面板中单击【ProBoolean】按钮，在【拾取布尔对象】卷展栏中选择【移动】单选项，选择【差集】和【应用运算对象材质】单选项，再单击【开始拾取】按钮，如图 4-86 所示。

图 4-86　选择运算对象并执行【ProBoolean】功能

2 在视口中单击蓝色的长方体对象，以拾取该对象进行差集的布尔运算复合处理，如图 4-87 所示。

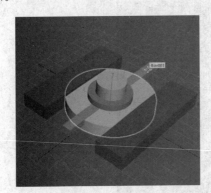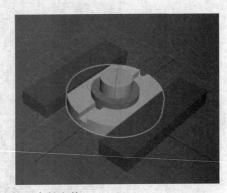

图 4-87　拾取第一个长方体

3 在不改变【差集】设置的情况下，继续选择另外两个红色的长方体，如图 4-88 所示。

4 维持【差集】的设置，然后单击选择位于中央的圆柱体，如图 4-89 所示。

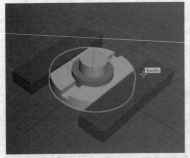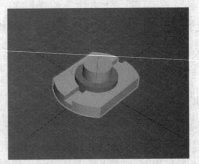

图 4-88　拾取另外两个长方体

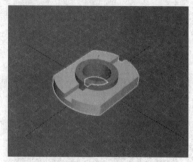

图 4-89　拾取圆柱体

5 在【创建】面板中更改参数设置为【并集】，然后继续拾取管状体对象，如图 4-90 所示。

图 4-90　更改参数并拾取管状体

4.5.6　上机练习 6：通过放样复合制作 U 形工字模具

本例先在视口中绘制宽法兰样条线图形并进行旋转处理，然后创建一条点曲线，执行复合对象中的【放样】功能并设置创建方法，最后使用点曲线为路径拾取宽法兰图形以进行放样，制作出简单的机械模具。

操作步骤

1 新建场景，在【创建】面板中选择【图形】|【扩展样条线】类别，单击【宽法兰】按钮，在视口中绘制工字的宽法兰样条线，如图 4-91 所示。

2 在主工具栏中单击【选择并旋转】按钮 ，按住 X 轴线拖动设置旋转角度为 90 度，再通过输入数值的方式设置 Y 轴旋转角度为-90 度，如图 4-92 所示。

图 4-91　绘制宽法兰样条线　　　　　图 4-92　旋转宽法兰样条线

119

3 在【创建】面板中选择【图形】|【NURBS 曲线】类别，单击【点曲线】按钮，然后在视口中创建一条点曲线，如图 4-93 所示。

4 在【创建】面板中选择【几何体】|【复合对象】类别，单击【放样】按钮，并设置创建方法为【移动】，接着单击【获取图形】按钮，选择宽法兰样条线对象，如图 4-94 所示。选择宽法兰样条线后单击鼠标右键结束【放样】功能。

图 4-93　创建点曲线

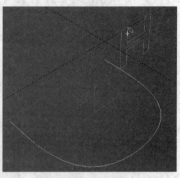

图 4-94　通过放样创建对象

5 经过上述操作后，即可创建出一个 U 形工字的机械模具。可以使用不同的视图来查看效果，如图 4-95 所示。

图 4-95　查看模具的效果

4.7　评测习题

1. 填充题

（1）使用_____功能，可以创建一个闭合的形状为"C"的样条线。

（2）一致对象是一种复合对象，通过将某个对象（称为_____）的顶点投影至另一个对象（称为【包裹对象】）的表面而创建。

（3）ProCutter 复合对象能够执行特殊的_____，主要目的是分裂或细分体积。

（4）_____复合对象可以通过几何体或粒子创建一组球体，还可以将球体连接起来，就好像这些球体是由柔软的液态物质构成的一样。

2. 选择题

（1）使用哪个功能可以创建一个闭合的形状为"L"的样条线？　　　　　　（　　　）

　　A．通道　　　　　　B．角度　　　　　　C．宽法兰　　　　　　D．螺旋线

（2）ProBoolean 支持并集、交集、差集、合并、插入和哪个布尔运算？　　　　（　　）

　　A. 挖空　　　　　　B. 层叠　　　　　　C. 附加　　　　　　D. 相减

（3）使用哪个功能可以创建包含网格对象和一个或多个图形的复合对象？　　（　　）

　　A. 图形复合　　　　B. 放样复合　　　　C. 网格化复合　　　　D. 连接复合

（4）星形样条线使用几个半径来设置外部点和内谷之间的距离？　　　　　　（　　）

　　A. 3 个　　　　　　B. 4 个　　　　　　C. 2 个　　　　　　D. 1 个

3．判断题

（1）使用【多边形】功能可创建具有任意面数或顶点数的闭合平面或圆形样条线。（　　）

（2）使用连接复合对象，可通过对象表面的指定点、指定面或指定边来连接两个或多个对象。　　　　　　　　　　　　　　　　　　　　　　　　　　　　　　　　　　　（　　）

4．操作题

使用【布尔】功能制作一个阻尼器和圆柱体的复合对象，效果如图 4-96 所示。

图 4-96　操作题建模的效果

操作提示

（1）打开素材库中的"..\Example\Ch04\4.6.max"练习文件，在主工具栏上单击【选择并旋转】按钮 ，再选择阻尼器对象，设置 Y 轴的旋转角度为 90。

（2）在主工具栏中单击【选择并移动】按钮 ，然后将阻尼器对象移到圆柱体上方并重合部分体积。

（3）选择阻尼器对象，在【创建】面板中单击【布尔】按钮，在【拾取布尔】卷展栏中选择【移动】单选项。

（4）在【操作】组中选择【差集（B-A）】单选项，然后在【拾取布尔】卷展栏中单击【拾取操作对象 B】按钮。

（5）在视口中选择阻尼器对象即可。

第 5 章 高级建模——修改器与曲面建模

学习目标

修改器是 3ds Max 建模中的重要的功能，通过使用不同的修改器，可以使建模的工作变得更加细致。另外，曲面建模比几何体（参数）建模具有更多的自由形式，也是建模工作中常用的处理方法。本章将详细介绍使用修改器、曲面建模和使用石墨建模工具的方法。

学习重点

- ☑ 使用修改器
- ☑ 使用修改器堆栈
- ☑ 曲面建模的基本工作
- ☑ 细分曲面的处理
- ☑ 使用石墨建模工具

5.1 修改器基础

在 3ds Max 中，可以使用修改器塑形和编辑对象，它们可以更改对象的几何形状及其属性。

5.1.1 关于修改器

1. 修改器堆栈

在 3ds Max 中，应用于对象的修改器将存储在堆栈中，如图 5-1 所示。通过在堆栈中上下导航，可以更改修改器的效果，或者将其从对象中移除。还可以选择"塌陷"堆栈，使更改一直生效。

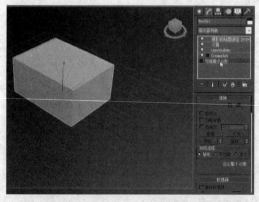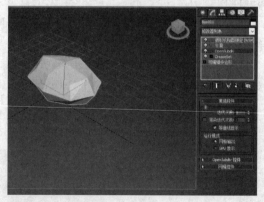

图 5-1 修改器存储在堆栈中并可上下导航

关于使用堆栈，还有下列常规情况需要知道：

（1）可以将无穷数目的修改器应用到对象或部分对象上。

（2）当删除修改器时，对象的所有更改都将消失。

（3）可以使用修改器堆栈显示中的控件，将修改器移动和复制到其他对象上。

（4）添加修改器的顺序或步骤是很重要的。每个修改器会影响它之后的修改器。

2．修改器与变换的区别

变换是最基本的 3D 操作。与大多数修改器不同，变换不依赖于对象的内部结构，它们总是作用于世界空间。对象可以携带任何数目的修改器，但是它总是只能有一组变换。

变换具有下列属性：

（1）应用于整个对象。

（2）与应用它们的顺序无关。不管对对象应用了多少次变换，结果都是存储为矩阵中的一组值。

（3）应用在所有的对象空间修改器计算完之后，但是在世界空间修改器之前。

（4）对于修改器而言，大多数修改器可以在对象空间中，对对象的内部结构进行操作。例如，当对网格对象应用修改器，如扭曲时，在对象空间中，对象的每个顶点位置都会更改，来产生扭曲效果。

修改器具有下列属性：

（1）应用于整个对象或部分对象（使用子对象选择）。

（2）与应用的顺序有关。先应用"弯曲"，后应用"扭曲"，产生的结果会与先应用"扭曲"，后应用"弯曲"不同。

（3）显示为修改器堆栈中的单独条目，在堆栈中可以启用或禁用它们，以及更改它们的应用顺序。

（4）修改器可以操作于子对象级别，它还依赖于应用修改器时，对象的内部结构。

5.1.2 使用修改器

1．应用修改器

从【创建】面板中添加对象到场景中之后，可以切换到【修改】面板更改对象的原始创建参数并应用修改器，如图 5-2 所示。

将修改器应用于对象之后，就可以使用修改器堆栈查找某个特定的修改器，更改参数，编辑修改器堆栈中的顺序，将其设置复制到另一个对象，或将其完全删除。

2．一般原则通常，可以使用【修改】面板进行如下操作：

（1）修改选择的任意项。这包括任意对象或对象集合，或者子对象级别下的任意部分对象。例如，可以使用【网格选择】修改器来选择单个面，然后对它应用【锥化】修改器。

（2）可以将无穷数目的修改器应用到对象或部分对象上。

单击打开修改器列表

图 5-2 通过【修改器列表】选择应用修改器

（3）根据需要调整修改器，修改的顺序或步骤是很重要的，每次修改会影响它之后的修改。

3. 修改器子对象层级

除了修改器自身的参数集外，一般还有一个或多个子对象层级。可以通过修改器堆栈访问子对象层级并进行编辑与修改，如图 5-3 所示。

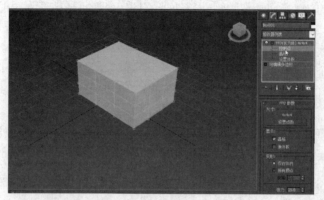

图 5-3　访问修改器的子对象层级

5.1.3　使用修改器堆栈

修改器堆栈是【修改】面板上的列表。它包含累积历史记录，上面有选定的对象，以及应用于它的所有修改器。

修改器堆栈及其编辑对话框是管理所有修改方面的关键。使用这些工具可以执行以下操作：

（1）找到特定修改器并调整其参数。

（2）查看和操纵修改器的顺序。

（3）在对象或对象集合之间对修改器进行复制、剪切和粘贴。

（4）在堆栈、视口显示，或两者中取消激活修改器的效果。

（5）选择修改器的组件。

（6）删除修改器。

使用修改器堆栈的基本方法如下：

（1）堆栈的功能是可以随时修改参数，用户可以单击堆栈中的项目，就可以返回到进行修改的那个点，如图 5-4 所示。此时可以重做决定，暂时禁用修改器，或者删除修改器，完全丢弃它，也可以在堆栈中的该点插入新的修改器。所做的更改会沿着堆栈向上摆动，更改对象的当前状态。

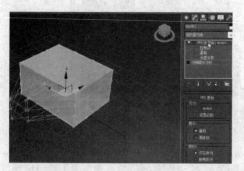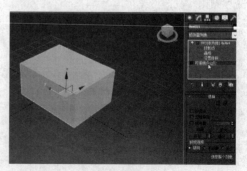

图 5-4　通过单击堆栈的项目可以返回修改点

（2）可以向对象应用任意数目的修改器，包括重复应用同一个修改器。当开始向对象应用对象修改器时，修改器会以应用它们时的顺序"入栈"。第一个修改器会出现在堆栈底部，紧挨着对象类型出现在它上方。

（3）3ds Max 会以修改器的堆栈顺序应用它们（从底部开始向上执行，变化一直积累），所以修改器在堆栈中的位置是很关键的。可以在堆栈中选择项目并以拖动的方式调整它们的顺序，如图 5-5 所示。

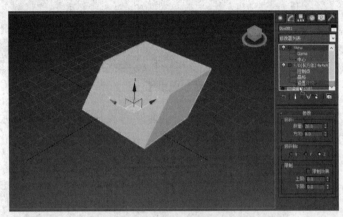

图 5-5　调整修改器的堆栈顺序

通过以下按钮（在修改器堆栈下面）可以管理堆栈：

● ■（锁定堆栈）：将堆栈和【修改】面板上的所有控件锁定到选定对象的堆栈。即使在选择了视口中的另一个对象之后，也可以继续对锁定堆栈的对象进行编辑。

● ■（显示最终结果）：启用此选项后，会在选定的对象上显示整个堆栈的效果。禁用此选项后，会仅显示当前高亮修改器时堆栈的效果。

● ▼（使唯一）：使实例化对象唯一，或者使实例化修改器对于选定的对象唯一。

● ■（移除修改器）：从堆栈中删除当前的修改器，从而消除由该修改器引起的所有更改。

● ■（配置修改器集）：单击将显示一个弹出菜单，通过该菜单可以配置如何在【修改】面板中显示和选择修改器。

5.1.4　将修改器应用于多个对象

在 3ds Max 中，可以将修改器应用于多个对象。通常，该处理与修改单个对象并行执行。

选择多个对象时，3ds Max 会判定几何体的哪些特定选择集存在共有部分（如果有）。如果对象间有任何"共有部分"，3ds Max 以可用修改器表示该选项，不可用修改器表示不存在共有部分的区域。

1．修改多个对象

选择两个或多个对象，然后应用修改器并调整其参数。如图 5-6 所示为多个对象应用【弯曲】修改器并设置参数的效果。

2．使用轴点

【修改器列表】中的第一项是一个称作【使用轴点】的切换。只有选定多个对象后才可以使用此切换，如图 5-7 所示。

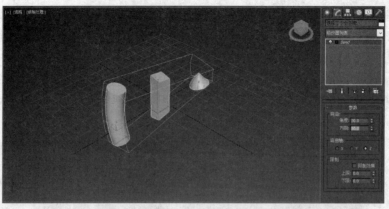

图 5-6　为多个对象应用【弯曲】修改器

（1）启用该选项后，3ds Max 使用每个对象的轴点作为修改器操作的中心。如图 5-8 所示为启用【使用轴点】选项后应用弯曲修改器的结果。

（2）禁用该选项后，3ds Max 计算整个选择集的中心轴点，并将选择作为一个整体进行修改。

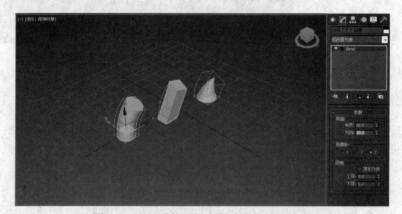

图 5-7　【使用轴点】选项　　　　　　　　　　图 5-8　启用【使用轴点】选项的处理效果

5.2　曲面建模

曲面建模比几何体（参数）建模具有更多的自由形式。在曲面建模期间，可以将对象转换为可编辑多边形格式。还可以使用四元菜单或修改器堆栈将某个参数化模型"塌陷"至某种形式的可编辑曲面：可编辑多边形、可编辑网格、可编辑面片或 NURBS 对象。

5.2.1　在子对象层级工作

子对象是构成对象的零件，如顶点和面。要获得更高细节的模型效果，可以在子对象层级直接变换、修改和对齐对象的几何体。

1. 选择子对象

在选择子对象几何体时，可以使用以下标准技术：

（1）要选择顶点、边或面/多边形/元素，可以单击它。

（2）要添加到子对象选择，可以按住 Ctrl 键并单击，或者拖动以指定区域。

（3）要从子对象选择中减除，可以按住 Alt 键并单击，或者拖动以指定区域。

　　通过拖动对现有子对象选择指定区域时，如果任何变换工具处于活动状态，则将变换当前选择，而不是更改当前选择。为避免此情况，可以远离对象开始区域，或者首先在主工具栏上按下【选择对象】按钮 。

2．常规步骤

以下是为子对象选择设置对象的常规步骤。

（1）将对象转化为可编辑对象，如可编辑网格、可编辑样条线、可编辑多边形等（可以向对象应用某些修改器，如"编辑网格"、"网格选择"或"样条线选择"，也可以在子对象层级应用）。例如，要将对象转化为可编辑多边形格式，如图 5-9 所示。

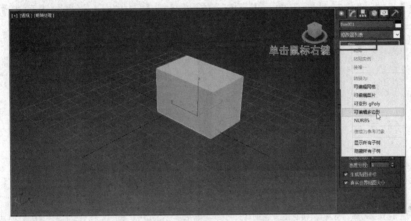

图 5-9　将长方体转换为可编辑多边形

（2）在修改器堆栈显示区域上，单击修改器名称或可编辑对象名称左边的加号图标，可以扩展对象的层次，显示可以使用的子对象层级名称。

（3）在堆栈显示区选择要操作的子对象的种类，如顶点、面或边，如图 5-10 所示。每个子对象选择层级都含有表明其本身选项设置的卷展栏。

图 5-10　选择子对象种类

（4）使用标准选择技术（参见上文）选择子对象几何体（从单个的子对象到整个对象）。默认情况下，子对象选择以红色高亮显示，如图 5-11 所示。

图 5-11　选择对象的其中两个顶点

动手操作　通过编辑子对象修改模型

1 打开素材库中的"..\Example\Ch05\5.2.1.max"练习文件，选择咖啡杯模型的杯把对象，然后在【修改】面板的修改器列表中打开【可编辑样条线】卷展栏，再选择【顶点】，如图 5-12 所示。

图 5-12　选择杯把的顶点子对象

2 在使用中拖动鼠标选择杯把右侧的两个顶点，然后在主工具栏中单击【选择并移动】按钮 ，再沿着 X 轴移动顶点位置，如图 5-13 所示。

图 5-13　选择并移动杯把的两个顶点

3 在【修改】面板的【可编辑样条线】卷展栏中选择【线段】，然后在视口中拖动鼠标选择杯把线段，如图 5-14 所示。

图 5-14　选择杯把的线段

4 在主工具栏中单击【选择并均匀缩放】按钮，均匀扩大选定的线段对象，以增大咖啡杯的杯把，在修改器列表框中单击【倒角】即可，如图 5-15 所示。

图 5-15　均匀扩大杯把对象

5.2.2　可编辑网格曲面

可编辑网格，像【编辑网格】修改器一样，在三种子对象层级上像操纵普通对象，它提供由三角面组成的网格对象的操纵控制：顶点、边和面。可以将 3ds Max 中的大多数对象转化为可编辑网格，但是对于开口样条线对象，只有顶点可用，因为在被转化为网格时开放样条线没有面和边。

1．生成可编辑网格对象

🖰**动手操作　生成可编辑网格对象**

1 以鼠标右键单击所需对象并从【变换】象限中选择【转换为可编辑网格】命令，如图 5-16 所示。

2 在【实用程序】面板中使用【塌陷】工具，将选定对象输出为网格对象类型，如图 5-17 所示。

3 将修改器应用到参数对象，这些参数对象将对象变为堆栈中的网格对象，然后塌陷堆栈。例如可以应用【网格选择】修改器。

4 使用【合并】命令导入无参数对象，如 3DS 文件中的对象，如图 5-18 所示。

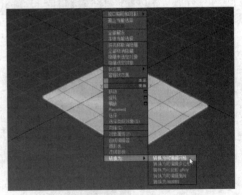

图 5-16　将对象转换为可编辑网格

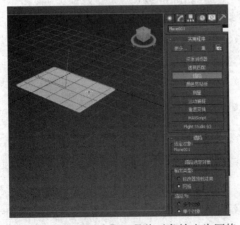

图 5-17　使用【塌陷】工具将对象输出为网格

图 5-18　导入 3DS 文件的对象

2. 可编辑网格（顶点）

顶点是空间中的点：它们定义面的结构。当移动或编辑顶点时，它们形成的面也会受影响。顶点也可以独立存在，这些孤立顶点可以用来构建面，但在渲染时，它们是不可见的。

动手操作　焊接网格顶点

1 选择要焊接的顶点，如有必要，在【选择】卷展栏上选择【忽略背面】复选框，这样可以确保只焊接看到的顶点。

2 如果顶点离得很近，则转到【编辑几何体】卷展栏【焊接】组并单击【选定项】按钮。如果该操作无效会收到【在焊接阈值内无顶点】的提示，此时则继续下一步，如图 5-19 所示。

图 5-19　在焊接阈值内无顶点

3 增加【选定项】按钮右侧的数值，以设置要焊接的顶点之间的最小距离，接着再次单击【选定项】按钮。此时会发生下述三种情况之一：没有、有一些或所有顶点被焊接。如果发生后者，则操作完成，如图 5-20 所示。如果发生其他两种情况之一，则继续进行下一步。

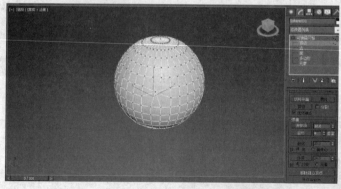

图 5-20　更改顶点最小距离后进行焊接的结果

4 增加阈值并单击【选定项】按钮，直到所有顶点被焊接。

3. 可编辑网格（边）

边是一条线，可见或不可见，组成面的边并连接两个顶点。两个面可以共享一条边。

动手操作　从一条或多条边创建形状

1 选择要形成图形的边，然后在【修改】面板中单击【由边创建图形】按钮，如图 5-21 所示。

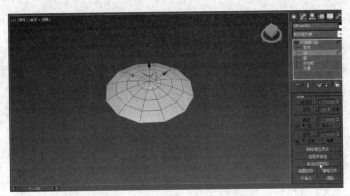

图 5-21　选择边并由边创建图形

2 在出现的【创建图形】对话框上，根据需要进行以下修改，如图 5-22 所示。

（1）输入曲线名称或保持默认设置。

（2）选择【平滑】或【线性】作为图形类型。

（3）启用【忽略隐藏边】功能从计算中排除隐藏边，或者禁用此功能。

3 单击【确定】按钮即可创建图形。该图形由一条或多条样条线组成，它们的顶点与选定边的顶点重合，如图 5-23 所示。

图 5-22　设置创建图形的选项

图 5-23　创建图形的结果

4. 可编辑网格（面/多边形/元素）

除了可以编辑顶点、边等子对象层级外，还可以编辑网格的辑面、多边形和元素 ■■■。面可能是最小的网格对象，即由三个顶点组成的三角形。面可以提供可渲染的对象曲面。虽然顶点可以在空间中作为孤立点存在，但是没有顶点，面就不能存在。

编辑面、多边形、元素的方法与编辑顶点和边的方法类似，在此不再详说。

5.2.3　可编辑多边形曲面

可编辑多边形是一种可编辑对象，它包含下面 5 个子对象层级：顶点、边、边界、多边形和元素。其用法与可编辑网格对象的用法相同。"可编辑多边形"有各种控件，可以在不同的子对象层级将对象作为多边形网格进行操作。但是，与三角形面不同的是，多边形对象由包含任意数目顶点的多边形构成。

可编辑多边形提供了下列选项：

（1）与任何对象一样，可以变换或对选定内容执行 Shift 键+克隆操作。

（2）使用【编辑】卷展栏中提供的选项修改选定内容或对象。后面的主题讨论每个多边形网格组件的这些选项。

（3）将子对象选择传递给堆栈中更高级别的修改器。可对选择应用一个或多个标准修改器。

（4）使用【细分曲面】卷展栏（多边形网格）上的选项可改变曲面特性。

1. 生成可编辑多边形对象

首先选择一个对象，然后执行以下操作之一：

（1）如果没有对该对象应用任何修改器，可以在【修改】面板上右击修改器堆栈显示，然后从弹出菜单中选择【可编辑多边形】命令，如图 5-24 所示。

（2）以鼠标右键单击所需对象，然后从四元菜单的【变换】象限选择【转换为】|【转换为可编辑多边形】命令。

（3）对参数对象应用可以将该对象转变成堆栈显示中的多边形对象的修改器，然后塌陷堆栈。例如，可以应用【转化为多边形】修改器，如图 5-25 所示。

图 5-24　将对象转换为可编辑多边形　　　图 5-25　应用【转化为多边形】修改器

动手操作　通过编辑子对象修改茶把大小

1 打开素材库中的 "..\Example\Ch05\5.2.3.max" 练习文件，在【创建】面板中单击【几何体】按钮，再设置子类别为【标准基本体】，然后单击【茶壶】按钮，在场景中绘制一个茶壶对象，如图 5-26 所示。

图 5-26　创建一个茶壶对象

2 切换到【修改】面板，在修改器堆栈列表的对象项中单击鼠标右键，选择【可编辑多边形】命令，如图 5-27 所示。

3 将茶壶转换为可编辑多边形后，在堆栈的【可编辑多边形】卷展栏中选择【多边形】子对象层级，然后在茶把处拖动鼠标选择茶把的部分多边形，如图 5-28 所示。

4 在主工具栏中单击【选择并移动】按钮，然后将鼠标指针移到 X 轴线上并向外拖动，增大茶把，接着在堆栈中单击【可编辑多边形】项退出编辑多边形，如 5-29 所示。

图 5-27　将对象转换为可编辑多边形

图 5-28　选择部分多边形

图 5-29　移动选定的多边形增大茶把

2. 编辑助手

3ds Max 提供了多个用于编辑 "可编辑多边形" 曲面的工具的设置。这些设置用于交互式操纵模式，在这种模式下可以参数化方式调整设置并立即在视口中查看结果。

在可编辑多边形的【编辑顶点/边/边界/多边形/元素】卷展栏提供了用于在顶（对象）层级或子对象层级更改多边形对象几何体的全局控件。如图 5-30 所示为选择【边】子对象层级后的【编辑边】卷展栏。

在编辑 "可编辑多边形" 曲面中，大部分项目均可以使用细致设置界面，这是一种视口内的设置界面，其中包含一个动态标签和一组附加在视口上的按钮，称为编辑助手，如图 5-31 所示。通过编辑助手可以完成各个编辑项的设置。

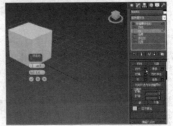

图 5-30　选择【边】子对象层级后的【编辑边】卷展栏

图 5-31　编辑助手

5.2.4 NURBS 建模

在 3ds Max 中建模的方式之一是使用 NURBS 曲面和曲线。NURBS 表示非均匀有理数 B 样条线，是设计和建模曲面的行业标准。它特别适合于为含有复杂曲线的曲面建模。

使用 NURBS 的建模工具不要求了解生成这些对象的数学。NURBS 是常用的方式，这是因为这些对象很容易交互操作，且创建它们的算法效率高，计算稳定性好。

另一方面，NURBS 曲面是解析生成的。可以更加有效地计算它们，而且也可旋转显示为无缝的 NURBS 曲面。

1. NURBS 模型：对象和子对象

与图形对象一样，NURBS 模型是多个 NURBS 子对象的集合。例如，NURBS 对象可能包含以一定间距分隔的两个曲面。可以使用点或控制顶点（CV）子对象控制 NURBS 曲线和 NURBS 曲面。

NURBS 模型中的父对象是 NURBS 曲面或 NURBS 曲线。子对象可以是此处列出的任何对象。将 NURBS 曲线转化为 NURBS 曲面（无须更改其名称）时，除非向其添加一个曲面子对象，否则它将保留"图形"对象。

- 曲面：存在两种 NURBS 曲面。点曲面由点控制，其始终位于曲面上。CV 曲面由控制顶点（CV）控制。CV 形成围绕曲面的控制晶格，而不是位于曲面上。
- 曲线：存在两种 NURBS 曲线。这些曲线与上述两类曲面完全对应。点曲线由点控制，其始终位于曲线上。CV 曲线由 CV 控制，其不必位于曲线上。
- 点：点曲面和点曲线拥有点子对象。还可以创建不是曲面或曲线一部分的单独点子对象。
- CV：CV 曲面和 CV 曲线拥有 CV 子对象。与点不同，CV 始终是曲面或曲线的一部分。

2. 创建 NURBS 模型

创建 NURBS 模型的常规方法如下：

方法 1 从【创建】面板的【图形】面板添加 NURBS 曲线，如图 5-32 所示。

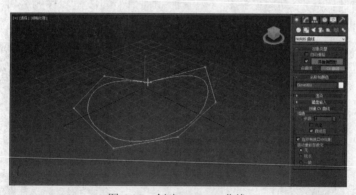

图 5-32　创建 NURBS 曲线

方法 2 从【创建】面板的【几何体】面板添加 NURBS 曲面，如图 5-33 所示。当采用此技术时，NURBS 曲面最初是平面矩形，可以使用【修改】面板对其进行更改。

方法 3 将环形结转换为 NURBS 对象。

方法 4 将棱柱扩展基本体转换为 NURBS 对象。

方法 5 将样条线对象（Bezier 样条线）转换为 NURBS 对象。

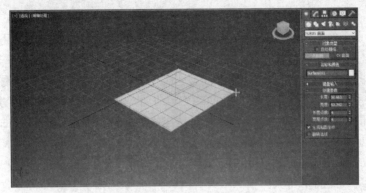

图 5-33　创建 NURBS 曲面

方法 6　将放样对象转换为 NURBS 对象。

方法 7　将面片栅格对象（Bezier 面片）转换为 NURBS 对象。

方法 8　将标准几何基本体转换为 NURBS 对象，如图 5-34 所示。

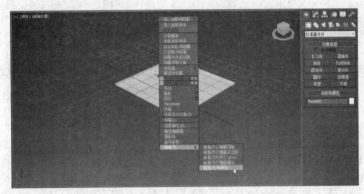

图 5-34　将平面体转换为 NURBS 对象

3. 修改 NURBS 模型和创建子对象

进入【修改】面板后可以立即编辑 NURBS。不必应用修改器，与某些其他种类的 3ds Max 对象一样。

在【修改】面板上编辑 NURBS 对象时，可以随时创建子对象，而不必返回到【创建】面板（这是 3ds Max 常规用法的例外情况）。NURBS 曲线和 NURBS 曲面对象的【修改】面板包含用于创建新 NURBS 子对象的卷展栏，如图 5-35 所示。

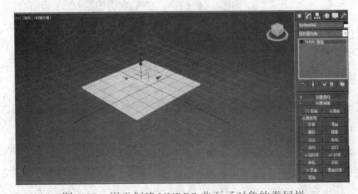

图 5-35　用于创建 NURBS 曲面子对象的卷展栏

以下是创建子对象的概要信息：

（1）单独的点子对象既可以是独立的点，也可以是绑定到其他 NURBS 几何体的从属点。

（2）曲线子对象既可以是独立的点曲线或 CV 曲线，也可以是几何体基于其他模型中已存在的曲线或曲面的从属曲线。例如，混合曲线是连接另外两条曲线端点的从属曲线子对象。

（3）曲面子对象既可以是独立的点曲面或 CV 曲面，也可以是几何体基于其他模型中已存在的曲线或曲面的从属曲面。例如，混合曲面是连接另外两个曲面边的从属曲面子对象。

（4）可以附加 3ds Max 对象。如果附加的对象不是 NURBS 对象，则将其转化为 NURBS 几何体。可以附加 NURBS 曲线、其他 NURBS 曲面或可转化的 3ds Max 对象。附加的对象成为一个或多个曲线或曲面子对象。

（5）可以导入 3ds Max 对象。导入的对象将保留其参数。虽然该对象是渲染为 NURBS 的 NURBS 对象的一部分，但是仍然可以在【导入】子对象层级以参数方式对其进行编辑。在此子对象层级上，视口显示其常用几何体，而不是其 NURBS 形式。NURBS 曲线可以导入 NURBS 曲线或样条线曲线。NURBS 曲面可以导入曲线、曲面或可转化的 3ds Max 对象。

5.3 细分曲面处理

对象采用曲面模型格式后，3ds Max 提供了多种工具来塑造曲面，也可以通过编辑曲面对象的子对象来执行大量的曲面建模工作。其中，细分曲面处理是常用的操作。

细分曲面是已划分为更多面的多边形网格，同时保持对象的大体形状。通过执行细分，可将细节添加到对象，或者使对象变得平滑。

5.3.1 使用 OpenSubdiv 修改器

在曲面建模中，细分曲面是已划分为更多面的多边形网格，同时保持对象的大体形状。通过执行细分，可将细节添加到对象，或者使对象变得平滑。在 3ds Max 中，使用 OpenSubdiv 修改器通过可选折缝实现细分和平滑。

OpenSubdiv 功能集有助于建模人员使用控制细分来创建基于多边形对象的具有平滑和折缝曲面的图形，如图 5-36 所示。用户还可以在多边形网格的顶点和边上指定曲面的总曲率和基准可变折缝。

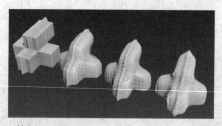

图 5-36 使用 OpenSubdiv 功能让对象沿中心线应用折缝

3ds Max 中的 OpenSubdiv 实施包含三个修改器：OpenSubdiv、Crease 和 CreaseSet。OpenSubdiv 执行细分、平滑和折缝；Crease 可在程序上选择对象的边和顶点，并将折缝值应用于它们；CreaseSet 提供增强功能，用于指定和管理顶点和边的集，以及它们的折缝设置。

动手操作　使用 OpenSubdiv 修改器

1 打开素材库中盘的 "..\Example\Ch05\5.3.1.max" 练习文件，在视口中选择纺锤对象，然后在【创建】面板中设置子类别为【复合对象】，单击【布尔】按钮并设置【操作】选项为【并集】，接着单击【拾取操作对象 B】按钮并选择长方体对象，如图 5-37 所示。

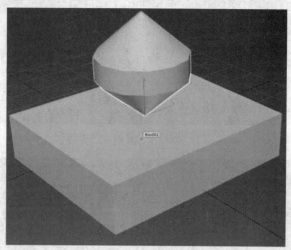

图 5-37　通过布尔运算创建复合对象

2 切换到【修改】面板，打开【修改器】列表框，选择【OpenSubdiv】选项，以将 OpenSubdiv 修改器应用到复合对象上。OpenSubdiv 修改器的默认迭代次数值为 1，此时可以看到平滑效果很明显，因为其分辨率低，如图 5-38 所示。

3 在视口中单击【明暗处理】标签，然后选择【边面】命令，激活视口的【明暗处理+边面】模式，如图 5-39 所示。

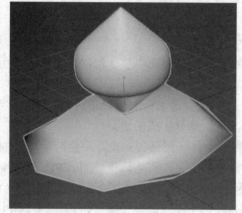

图 5-38　应用 OpenSubdiv 修改器的效果　　　　图 5-39　设置视口【明暗处理+边面】模式

4 在 OpenSubdiv 修改器的【常规控件】卷展栏中，单击迭代次数微调器的向上箭头，将值增加到 2，此时随着网格拓扑细分渐增，模型的曲面变得越来越平滑，如图 5-40 所示。

5 单击迭代次数微调器的向上箭头，将值增加到 5，此时对象已进行非常均匀的细分。在大型、复杂的模型中，增加网格分辨率可能会减慢视口交互的速度。如果发生这种情况，并且已安装足够强大的显示卡，则可以将运行模式设置切换为【GPU 显示】，如图 5-41 所示。

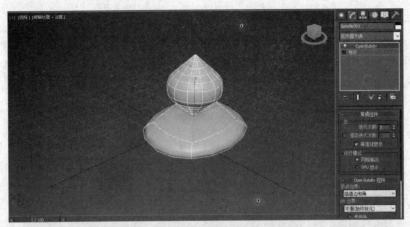

图 5-40　设置修改器的迭代次数为 2

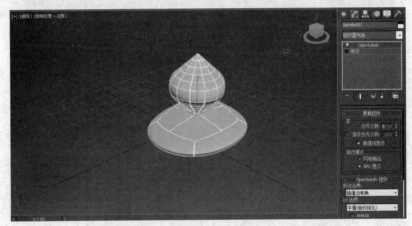

图 5-41　增加迭代次数并更改运行模式

PenSubdib 修改器参数设置如下：

- 迭代次数：细分网格的次数。范围为 0~6。
- 渲染迭代次数：渲染时细分网格的次数。必须选中复选框，该设置才能生效。范围为 0~10。
- 等值线显示：启用并且边可见时（例如，"边面"显示处于活动状态），仅显示原始对象的边。禁用时，将显示所有边，包括细分生成的边。
- 运行模式：确定如何在明暗处理视口中显示已修改对象。不会影响渲染输出。
  - 网格输出：将视口中的细分对象显示为标准网格，仅使用 CPU 处理细分。
  - GPU 显示：使用显示卡上的图形处理单元在视口中显示细分的对象（如果兼容）。如果细分模型的分辨率非常高并减慢了视口的反馈速度，则使用【GPU 显示】。此【GPU 显示】选项的速度通常远远高于【网格输出】模式。使用此模式可利用【自适应细分】选项以交互方式建模高度细分的网格。
- 顶点：控制如何插补边界边和角顶点。
  - 插补边：边在平滑后保持为锐边。所有角已进行平滑。
  - 插补边和角：边和双边角在平滑后保持为锐边。
- UV 边界：控制如何将平滑应用于边界 UV。

> ➤ 双线性（无）：UV 未平滑。
> ➤ 平滑（仅边）：UV 和角已平滑。在平滑后保持为锐边。
> ➤ 平滑（边和角）：UV 已平滑。边和双边角在平滑后保持为锐边。
> ➤ 平滑（始终锐化）：启用时，将平滑不连续边界上的顶点附近的面变化数据（UV 和颜色集）。不连续边界上的顶点将使用锐化规则细分（全部插补）。

- 传播角：启用时，原始网格中的面变化数据（UV 和颜色集）将应用到【平滑网格】预览的角。
- 平滑三角形：启用时（默认），则会将细分规则应用于网格，从而使三角形细分更加平滑。
- 折缝：控制如何在细分过程中平滑折缝。
  > ➤ 法线：不对折缝应用平滑。
  > ➤ Chaikin：插补关联边的锐度，从而生成半尖锐折缝。在细分折缝边后，将使用 Chaikin 算法确定生成边的锐度。

5.3.2　使用 CreaseSet 修改器

CreaseSet 修改器提供了全面的工具，与 OpenSubdiv 修改器一起用于管理折缝。

折缝集是使用相同折缝值的边或顶点的集合。通过 CreaseSet 修改器，可以创建和删除折缝集，也可以从修改器堆栈的基本设置中派生折缝集。

CreaseSet 修改器的一个非常有用的应用程序可与多个对象一起使用。例如，一个场景可能包含多个机械模具副本，以及每个机械模具中同一区域中的折缝。用户可以使用 CreaseSet 修改器将所有模具中的每组类似折缝收集到单个集中，从而可同时跨多个对象编辑折缝。

🔗 动手操作　使用 CreaseSet 修改器创建折缝集

1 打开素材库中的 "..\Example\Ch05\5.3.2.max" 练习文件，在视口中选择异面体对象，再通过【修改】面板将对象转换为【可编辑多边形】，如图 5-42 所示。

图 5-42　将对象转换为可编辑的多边形

问：为什么要将对象转换为可编辑多边形？

答：如果模型的基础层级不是可编辑的多边形或 "编辑多边形" 修改器没有应用，则需要将对象转换为可编辑的多边形，才可访问边、顶点等子对象层级的【折缝】设置。

2 在修改器堆栈中，访问可编辑多边形项的边子对象层级，然后在对象中选择要进行折缝的边（选定的边以红色标示），接着在【编辑边】卷展栏中增加折缝值（本步骤设置折缝值为 0.05），如图 5-43 所示。

图 5-43　选择边并设置折缝值

3 在【修改】面板中先应用 CreaseSet 修改器，然后应用 OpenSubdiv 修改器。在堆栈中，OpenSubdiv 修改器应始终高于 CreaseSet 修改器，如图 5-44 所示。

图 5-44　先后应用 CreaseSet 和 OpenSubdiv 修改器

4 访问堆栈中的 CreaseSet 修改器，展开【选项】卷展栏，在【自动生成折缝集】组中单击【自动生成】按钮，然后在打开对话框中单击【是】按钮，如图 5-45 所示。

图 5-45　自动生成折缝集

5 转到修改器堆栈的可编辑多边形层级，然后访问边子对象层级，再更改原来选定边的折缝值为 0.1，如图 5-46 所示。

图 5-46　为对象的边分配折缝值

6 转到 CreaseSet 堆栈级别，再次单击【自动生成】，在打开的对话框中单击【是】按钮，如图 5-47 所示。

图 5-47　再次自动生成折缝集

7 展开【折缝集】卷展栏，在列表中查看已创建的所有集合，如图 5-48 所示。

图 5-48　查看创建的折缝集

5.3.3　使用折缝（Crease）修改器

使用折缝修改器可在流程上选择对象边和顶点，并对它们应用"折缝"值。来自 Crease

修改器的输出是一个可供 CreaseSet 和 OpenSubdiv 修改器利用的折缝集,它显示在【折缝资源管理器】中。

 Crease 修改器可以应用于多个对象。特定修改器的程序选择应用于将修改器实例化到的所有对象。

1. 使用与设置

使用方法为:选择对象,然后在【修改】面板中打开修改器列表,接着在【对象空间修改器】组中选择【折缝】选项即可,如图 5-49 所示。

设置说明如下:

● 折缝:应用到选定边或顶点的折缝数量。

● 选择:在修改的一个或多个对象中选择子对象的方法。选择其中一个对象会立即更改选择。

  ➤ 从堆栈:使用堆栈中当前处于活动状态的选择。例如,如果 Crease 修改器应用于可编辑的多边形对象,并且已选定顶点和边,但"顶点"层级处于活动状态,而且没有其他修改器位于该对象和 Crease 修改器之间,则 Crease 修改器将使用顶点选择。

  ➤ 选定顶点:在最接近折缝修改器以及位于其下方的堆栈级别使用所有选定顶点。

  ➤ 所有顶点:使用对象中的所有顶点。

  ➤ 选定边:在最接近折缝修改器以及位于其下方的堆栈级别使用所有选定边。

  ➤ 所有边:使用对象中的所有顶点。

  ➤ 选定面的边:使用选定面的所有边。

  ➤ 选定面的边界:仅使用选定面与未选定面之间的边。

● 打开折缝资源管理器:打开【折缝资源管理器】对话框来管理折缝集。

2. 折缝资源管理器

折缝资源管理器提供类似电子表格的界面来管理 CreaseSet 修改器和折缝修改器中的折缝集,如图 5-50 所示。

图 5-49 使用折缝修改器

图 5-50 折缝资源管理器

5.4　石墨建模工具

Graphite（石墨）建模工具集位于功能区中，这些工具提供了各种功能，包含所有标准编辑及可编辑多边形工具，以及用于创建、选择和编辑几何体的其他工具。

 问：为什么功能区中没有显示 Graphite（石墨）建模工具？

答：Graphite（石墨）建模工具需要在选定可编辑对象或可编辑对象子对象层级，如选择可编辑多边形时才会出现在功能区中。

1. 【建模】选项卡

【建模】选项卡包含最常用于多边形建模的工具，它分成若干不同的面板，可供方便快捷地进行访问，如图 5-51 所示。

图 5-51　【建模】选项卡

2. 【自由形式】选项卡

【自由形式】选项卡包含在视口中通过"绘制"创建和修改多边形几何体的工具，如图 5-52 所示。另外，【默认】面板还提供了用于保存和加载画笔的设置。

图 5-52　【自由形式】选项卡

3. 【选择】选项卡

【选择】选项卡提供了专门用于进行子对象选择的各种工具。例如，可以选择凹面或凸面区域、朝向视口的子对象或某一方向的点等，如图 5-53 所示。

只有访问子对象层级时，才会显示【选择】选项卡面板。如果未选择对象，或选择了对象但未激活子对象层级，则默认情况下【选择】选项卡是空的。

图 5-53　【选择】选项卡

4. 【对象绘制】选项卡

使用【对象绘制】选项卡中的工具，可以在场景中的任何位置或特定对象曲面上徒手绘制对象，也可以用绘制对象来"填充"选定的边。另外，还可以用多个对象按照特定顺序或随机顺序进行绘制，并可在绘制时更改缩放比例。应用情形包括对规则曲面功能的应用，如铆钉、植物、列等，甚至包括使用字符来填充场景。如图 5-54 所示为【对象绘制】选项卡。

图 5-54　【对象绘制】选项卡

5.5　技能训练

下面通过多个上机练习实例，巩固与所学技能。

5.5.1　上机练习 1：通过软选择制作拱形顶篷

在可编辑对象的【修改】面板中，【软选择】卷展栏控件允许部分地选择显式选择邻接处中的子对象。这将会使显式选择的行为就像被磁场包围了一样。在对子对象选择进行变换时，在场中被部分选定的子对象就会平滑地进行绘制，这种效果随着距离或部分选择的"强度"而衰减。本例将介绍通过软选择制作拱形顶篷模型的操作。

操作步骤

1 打开素材库中的 "..\Example\Ch05\5.5.1.max" 练习文件，在视口中选择平面对象并单击鼠标右键，然后在【变换】象限中选择【转换为】|【转换为可编辑网格】命令，如图 5-55 所示。

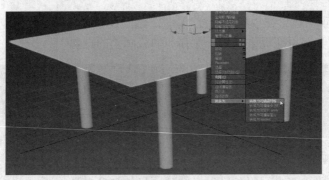

图 5-55　将平面转换为可编辑网格

2 切换到【修改】面板，在编辑器堆栈中选择可编辑网格的【顶点】子层级，然后选择如图 5-56 所示的顶点。

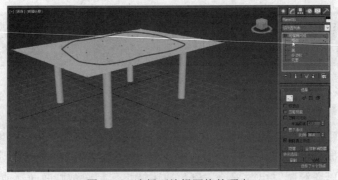

图 5-56　选择可编辑网格的顶点

3 在【修改】面板中打开【软选择】卷展栏，再选择【使用软选择】复选框，设置衰减、收缩、膨胀的参数，然后在主工具栏中选择【选择并移动】工具，沿 Z 轴向上移动，如图 5-57 所示。

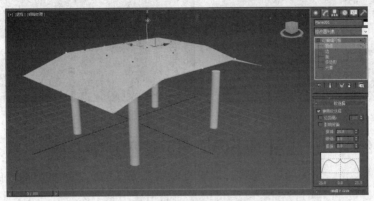

图 5-57　向上移动选定的顶点

4 选择拱起面 X 轴方向中央的三个顶点，然后修改衰减、收缩、膨胀的参数，接着使用【选择并移动】工具沿 Z 轴向上移动顶点，如图 5-58 所示。

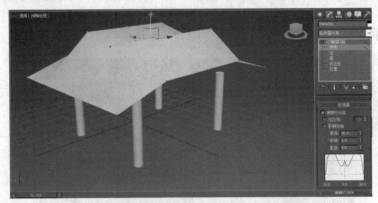

图 5-58　更改选择的顶点并进行软选择处理

5 经过软选择处理的顶棚模型对象偏离了下方的四个圆柱，此时需要使用【选择并移动】工具沿 Z 轴调整其位置，使之与圆柱体重合，如图 5-59 所示。

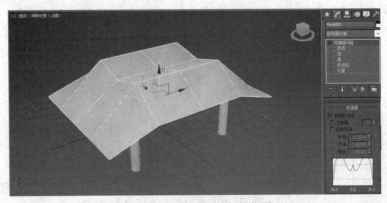

图 5-59　调整顶棚对象的位置

6 更改不同的视图模式，查看使用【软选择】功能制作拱形顶棚模型后的效果，如图 5-60 所示。

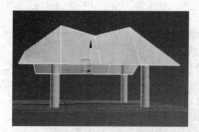

图 5-60　查看建模的效果

5.5.2　上机练习 2：应用 NURBS 曲面修剪建模

在 3ds Max 中，允许对曲面进行修剪，即可以使用曲面上的一条曲线将曲面的一部分切除，或者在曲面上切除孔洞。通过这个功能，可以在曲面上应用修剪来进行建模。本例将介绍在曲面上剪切孔洞进行建模的详细操作方法。

操作步骤

1 打开素材库中的 "..\Example\Ch05\5.5.2.max" 练习文件，在【创建】面板中按下【几何体】按钮，设置子类别为【NURBS 曲面】，然后单击【点曲面】按钮，在视口中创建点曲面，如图 5-61 所示。

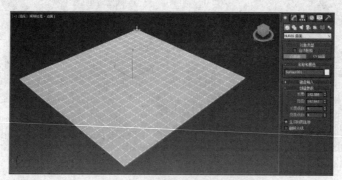

图 5-61　创建点曲面

2 在【视口】中单击【+】标签，取消选择【显示栅格】命令取消显示栅格，然后在 ViewCube 三维导航控件中单击【上】面，如图 5-62 所示。

图 5-62　取消显示栅格并切换到【上】视图

3 选择点曲面并切换到【修改】面板，打开【创建曲线】卷展栏，然后单击【CV 曲线】按钮，在曲面上绘制如图 5-63 所示的 CV 曲线。

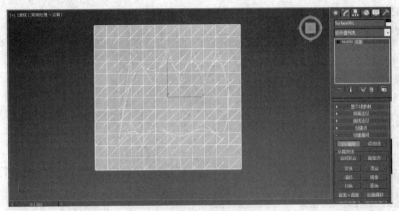

图 5-63　绘制 CV 曲线

4 在绘制 CV 曲线过程中，要结束时在起点上单击，在弹出对话框中单击【是】按钮，闭合曲线，如图 5-64 所示。

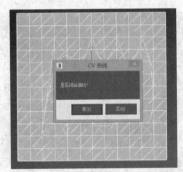
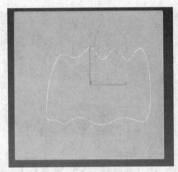

图 5-64　闭合 CV 曲线

5 在曲面的【修改】面板中打开【常规】卷展栏，单击【NURBS 创建工具箱】按钮，打开【NURBS】对话框后单击【创建法向投影曲线】按钮，如图 5-65 所示。

6 在视口中单击 CV 曲线将它选中，然后单击点曲面对象，以产生投影曲线，如图 5-66 所示。

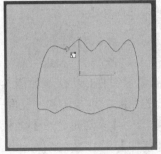
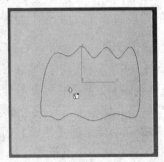

图 5-65　创建法向投影曲线　　　　图 5-66　分别选择 CV 曲线和曲面以产生投影曲线

7 在【修改】面板的【法向投影曲线】卷展栏中选择【修剪】复选框，执行修改处理，如图 5-67 所示。

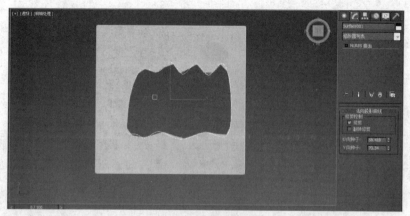

图 5-67　执行修剪处理

8 在修改器堆栈中单击【NURNS 曲面】，退出【创建法向投影曲线】操作，然后更改视图以查看曲面被修剪后的效果，如图 5-68 所示。

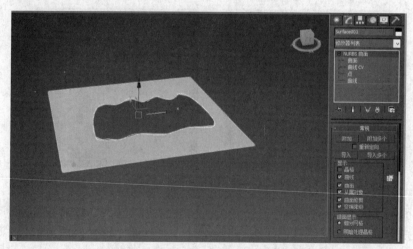

图 5-68　查看效果

5.5.3　上机练习 3：用石墨建模工具制作驾驶舱

本例使用石墨建模工具和其他基本工具，制作飞机的驾驶舱空心内部部分，以通过驾驶舱内部建模的操作说明石墨建模工具的操作方法。

操作步骤

1 打开素材库中的 ".\Example\Ch05\5.5.3.max" 练习文件，在视口中使用【缩放】工具、【平移视图】工具将驾驶舱顶部显示在视口中央，如图 5-69 所示。练习文件中的飞机驾驶舱是空的。要使模型再次成为连续的曲面，需要添加一些面，以形成空心的内部。

2 在功能区的【建模】选项卡的【多边形建模】面板上激活【边界】，然后单击驾驶舱的边将它选中，选择【选择并移动】工具，按住 Shift 键并沿着 Z 轴向下移动边界以克隆创建出驾驶舱的边缘，如图 5-70 所示。

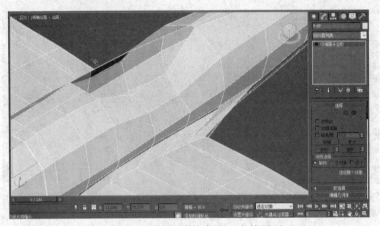

图 5-69　调整驾驶舱在视口中的显示

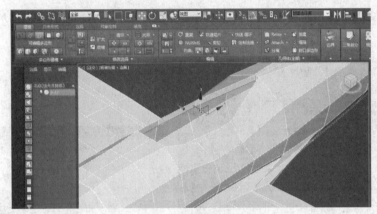

图 5-70　创建出驾驶舱的边缘

3 按 Alt+X 键打开 X 射线显示区域，切换到【上】视图，在主工具栏中选择【选择并均匀缩放】工具，接着按住 Shift 键并均匀缩放新边界，使驾驶舱内部比其边缘宽，如图 5-71 所示。

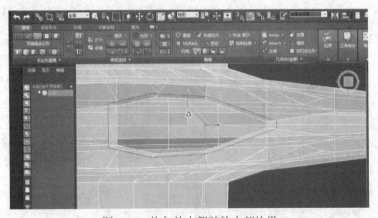

图 5-71　均匀放大驾驶舱内部边界

4 切换到【前】视图，然后更改为【选择并移动】工具，沿着 Z 轴向下移动驾驶舱边界，直到新边界刚好位于机翼层级的正上方为止，如图 5-72 所示。

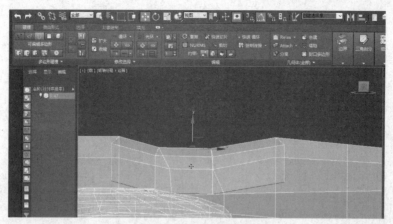

图 5-72　向下移动驾驶舱边界

5 在功能区的【建模】选项卡的【对齐】面板上单击【Y】按钮，使新边界保持水平，如图 5-73 所示。

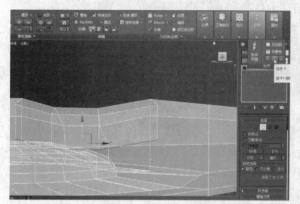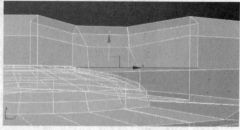

图 5-73　让新边界对齐 Y 轴

6 按 Alt+X 键关闭 X 射线显示区域，在视口中使用【缩放】工具、【平移视图】工具将驾驶舱顶部显示在视口中央，以便显示驾驶舱底部的大部分开口，如图 5-74 所示。

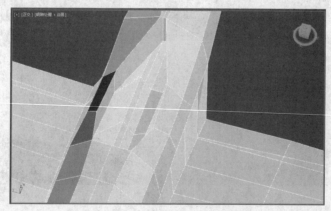

图 5-74　调整驾驶舱在视口的显示

7 在功能区的【建模】选项卡的【几何体（全部）】面板上单击【封口多边形】按钮，以创建一个多边形对开口的边界进行封口，如图 5-75 所示。

8 通过使用【缩放】工具、【平移视图】工具和调整 ViewCube 三维导航控件的方法，将驾驶舱的整个地面显示在视口中，如图 5-76 所示。

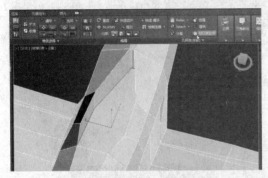
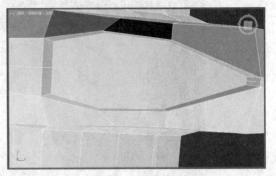

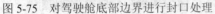

图 5-75　对驾驶舱底部边界进行封口处理　　　　图 5-76　将驾驶舱地面显示在视口中

9 此时驾驶舱两个侧边循环以前是被驾驶舱空心断开的，现在它们被构成驾驶舱地面的大多边形断开，因此需要进行连接处理。在功能区的【建模】选项卡的【多边形建模】面板上激活【顶点】，选择驾驶舱地面其中两个点，然后在【建模】选项卡的【循环】面板中单击【连接】按钮，如图 5-77 所示。

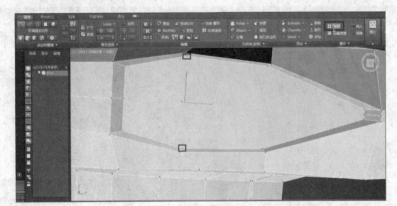

图 5-77　连接驾驶舱地面的其中两个点

10 使用步骤 9 的方法，将驾驶舱地面另外两个顶点进行连接处理，如图 5-78 所示。

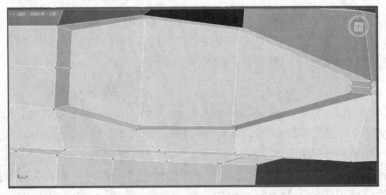

图 5-78　连接驾驶舱地面另外两个点

11 在功能区的【建模】选项卡的【多边形建模】面板上激活【边】 ，然后按住 Ctrl 键选择驾驶舱地面中的两条边，单击【循环】面板中的【连接】按钮，如图 5-79 所示。

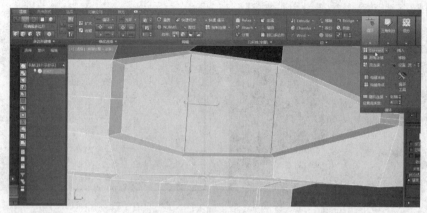

图 5-79 连接驾驶舱地面的边

12 要完成驾驶舱地面的"四边形化"，需要将驾驶舱前端地面层级处的顶点与最前端地面层级循环中间处的顶点连接在一起。在【建模】选项卡的【编辑】面板中单击【剪切】按钮，然后单击如图 5-80 所示的顶点，接着单击鼠标右键取消使用该工具即可。

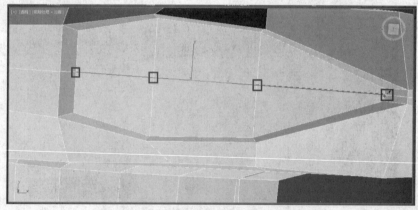

图 5-80 完成驾驶舱地面"四边形化"处理

5.5.4 上机练习 4：通过徒手绘制对象进行建模

通过石墨建模工具中的【对象绘制】选项卡，可以在场景中的任何位置或特定对象曲面上徒手绘制对象，而且可以用多个对象按照特定顺序或随机顺序进行绘制，并可在绘制时更改缩放比例。本例将介绍通过徒手绘制对象进行建模操作的方法。

操作步骤

1 打开素材库中的 ".\Example\Ch05\5.5.4.max" 练习文件，在【创建】面板中激活【几何体】 ，再设置子对象为【标准基本体】，然后单击【球体】按钮，在视口中创建一个球体，设置半径为 8，如图 5-81 所示。

2 在功能区中打开【对象绘制】选项卡，然后单击【编辑对象列表】按钮 ，打开【绘制对象】对话框后单击【拾取】按钮，再单击选择球体，如图 5-82 所示。

图 5-81 创建球体

 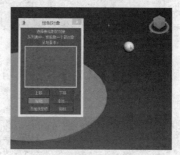

图 5-82 编辑对象列表并拾取对象

3 拾取对象后，关闭【绘制对象】对话框，然后在【对象绘制】选项卡中查看对象列表是否已经显示拾取的球体对象，如图 5-83 所示。

 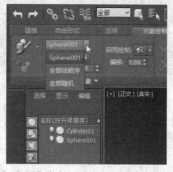

图 5-83 查看列表中的对象

4 在【对象绘制】选项卡中打开【启用绘制】列表框，然后选择【场景】选项，启用【绘制列表中的对象】功能，如图 5-84 所示。

图 5-84 设置启用绘制场景并执行绘制功能

5 设置视图为【上】，然后设置间距为 25，在圆柱体对象上徒手绘制对象，使之构成一个心形，如图 5-85 所示。

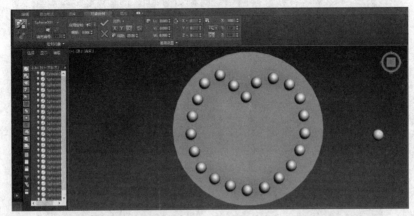

图 5-85　徒手绘制对象

6 删除步骤 1 中创建的球体对象，然后切换视图模式，查看徒手绘制对象的效果，如图 5-86 所示。

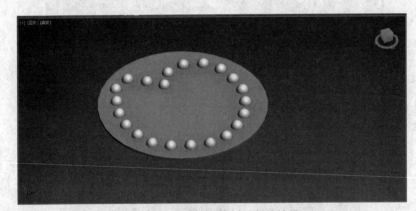

图 5-86　查看徒手绘制对象的效果

5.5.5　上机练习 5：利用样条线进行挤出建模

在【建模】选项卡中，有个【Extrude on Spline】（样条线上挤出）功能，可以沿样条线挤出当前的选定内容，如同于沿着样条线进行放样。本例通过该功能，依照一条平滑弯曲的样条线进行挤出建模，以制作出一个弯曲的模型对象。

操作步骤

1 打开素材库中的 "..\Example\Ch05\5.5.5.max" 练习文件，在【创建】面板中激活【几何体】，设置子对象为【标准基本体】，然后单击【长方体】按钮，在视口中创建一个长方体，如图 5-87 所示。

2 在【创建】面板中激活【图形】，设置子对象为【样条线】，然后单击【线】按钮，在【创建方法】卷展栏中设置【平滑】选项，接着在视口中绘制一条平滑弯曲的样条线，如图 5-88 所示。

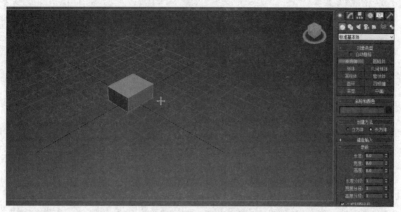

图 5-87 创建长方体

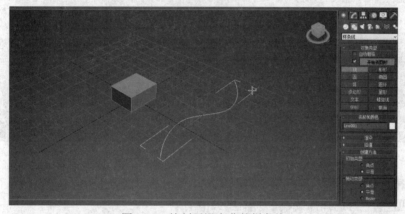

图 5-88 绘制平滑弯曲的样条线

3 在主工具栏中选择【选择并旋转】工具🔄，然后设置样条线 Y 轴旋转角度为 90 度，如图 5-89 所示。

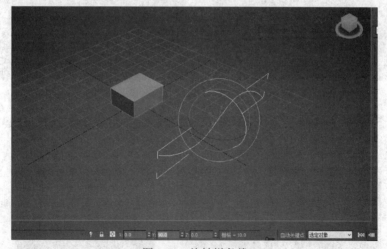

图 5-89 旋转样条线

4 选择长方体，然后单击鼠标右键并选择【转换为】|【转换为可编辑多边形】命令，在【修改】面板中选择【多边形】子对象层级，如图 5-90 所示。

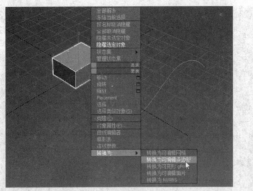

图 5-90　将长方体转换为可编辑多边形

5 在功能区中打开【建模】选项卡，然后展开【多边形】面板，选择【Extrude on Spline Setting】功能，以打开【样条线上挤出】编辑助手，如图 5-91 所示。

图 5-91　打开【样条线上挤出】编辑助手

6 在编辑助手中设置层级为 20，启用【沿样条线挤出对齐】功能 ，然后单击【拾取样条线】按钮 ，再选择样条线，如图 5-92 所示。

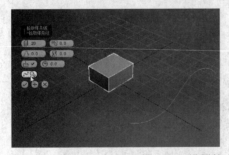
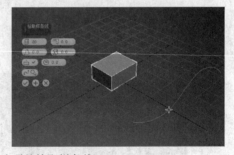

图 5-92　设置挤出选项并拾取样条线

7 选择样条线后，再选择长方体的一个面，使这个面沿着样条线进行挤出建模，如图 5-93 所示。

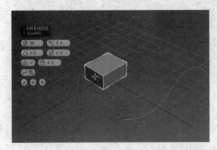
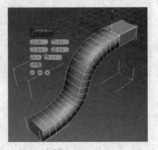

图 5-93　选择长方体的面进行挤出建模

8 在编辑助手上设置锥化曲线 △ 0.0 、旋转 ⊙ 0.0 、扭曲 ⊠ 0.0 的参数，然后单击【确定】按钮，以确定挤出建模操作，如图 5-94 所示。

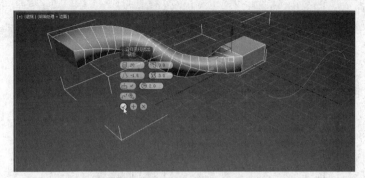

图 5-94　修改功能的参数并确定

9 删除样条线，然后适当调整视图，以查看建模的效果，如图 5-95 所示。

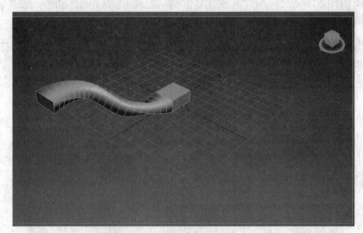

图 5-95　删除样条线并查看建模效果

5.6　评测习题

1. 填充题

（1）在 3ds Max 中，应用于对象的修改器将存储在_____中。

（2）在编辑"可编辑多边形"曲面中，大部分项目均可以使用细致设置界面，这是一种视口内的设置界面，其中包含一个动态标签和一组附加在视口上的按钮，我们称之为_____。

（3）NURBS 对象可能包含以一定间距分隔的两个曲面，可以使用点或_____（CV）子对象控制 NURBS 曲线和 NURBS 曲面。

2. 选择题

（1）在已经选择到一个子对象时，如果要添加到子对象选择，可以按住什么键并单击，或者拖动以指定区域进行选择？　　　　　　　　　　　　　　　　　　　　　　（　　　）

　　A. Alt　　　　　　　　B. Shift　　　　　　　　C. Ctrl　　　　　　　　D. 空格键

（2）可编辑多边形是一种可编辑对象，它包含五个子对象层级，以下哪个选项不是可编辑多边形的子对象层级？ （ ）

　　A．顶点　　　　　　B．区块　　　　　　C．边界　　　　　　D．边

（3）以下哪个功能有助于建模人员使用控制细分来创建基于多边形对象的具有平滑和折缝曲面的图形？ （ ）

　　A．OpenSubdiv 修改器　　　　　　B．快速切片功能

　　C．优化曲面功能　　　　　　　　　D．Cloth 修改器

（4）在石墨建模工具中，以下哪个选项卡包含在视口中通过"绘制"创建和修改多边形几何体的工具？ （ ）

　　A．【建模】选项卡　　　　　　　　B．【对象绘制】选项卡

　　C．【选择】选项卡　　　　　　　　D．【自由形式】选项卡

3．判断题

（1）折缝集是使用相同折缝值的边或顶点的集合。通过 OpenSubdiv 修改器，可以创建和删除折缝集，也可以从修改器堆栈的基本设置中派生折缝集。 （ ）

（2）修改器堆栈是【修改】面板上的列表，它包含有累积历史记录，上面有选定的对象，以及应用于它的所有修改器。 （ ）

（3）可编辑多边形是一种可编辑对象，它包含下面五个子对象层级：顶点、边、边界、多边形和元素。 （ ）

4．操作题

为练习文件中的小圆柱体应用【弯曲】修改器，设置修改器的【弯曲】和【限制】参数，再适当调整小圆柱体的位置，并复制出另一个小圆柱体，制作出如图 5-96 所示的模型。

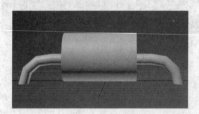

图 5-96　本章操作题的效果

操作提示

（1）打开素材库中的 "..\Example\Ch05\5.6.max" 练习文件，选择小圆柱体对象，在【修改】面板中应用【弯曲】修改器。

（2）设置修改器的弯曲角度为 90 度、弯曲轴为 Z，选择【限制效果】复选框，设置上限为 20。

（3）在【左】视图中调整小圆柱体的位置，使之弯曲的一头连接大圆柱体的左面。

（4）选择【选择并移动】工具，按住 Shift 键并沿着 X 轴移动小圆柱体，弹出【克隆选项】对话框后选择【复制】单选项，单击【确定】按钮。

（5）选择【选择并旋转】工具，将复制出的小圆柱体对象设置 Z 轴-180 度选项，使之连接大圆柱体的右面。

第 6 章　动画创作的基本应用

学习目标

　　本章将介绍在 3ds Max 中使用不同方法创建动画的基本应用，包括使用"自动关键点"模式和"设置关键点"模式创建动画、使用控制器处理动画、使用【运动】面板创建动画等。

学习重点

☑ 了解动画的概念
☑ 动画创作的基本工具
☑ 创建动画的基本方法
☑ 使用与设置控制器
☑ 使用【运动】面板
☑ 显示与编辑运动轨迹

6.1　动画创作基础

　　3ds Max 提供了很多创建动画的方法，以及大量用于管理和编辑动画的工具。

6.1.1　动画的概念

　　动画基于称为视觉暂留现象的人类视觉原理。如果快速查看一系列相关的静态图像，那么会感觉到这是一个连续的运动。将每个单独图像称为一帧（帧是动画电影中的单个图像），产生的运动实际上源自视觉系统在每看到一帧后会在该帧停留一小段时间。

1．传统动画方法

　　通常，创建动画的主要难点在于制作者必须生成大量帧。一分钟的动画大概需要 720~1800 个单独图像（也就是说大概需要 720~1800 个帧，这取决于动画的质量）。大量的动画帧如果用手来绘制图像是一项艰巨的任务，因此出现了一种称为关键帧的技术。

　　动画中的大多数帧都是例程，从上一帧直接向一些目标不断增加变化。传统动画工作室可以提高工作效率，实现的方法是让主要艺术家只绘制重要的帧，称为关键帧。然后助手再计算出关键帧之间需要的帧，填充在关键帧中的帧称为中间帧。画出了所有关键帧和中间帧之后，需要链接或渲染图像以产生最终动画，如图 6-1 所示。

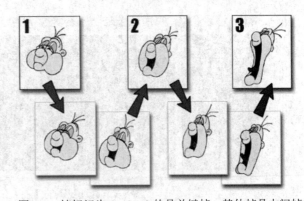

图 6-1　帧标记为 1、2、3 的是关键帧，其他帧是中间帧

2. 3ds Max 的方法

在 3ds Max 中制作动画时，首先创建记录每个动画序列起点和终点的关键帧。这些关键帧的值称为关键点。3ds Max 将计算各对关键点之间的插补值，从而生成完整动画，如图 6-2 所示。

3ds Max 几乎可以为场景中的任意参数创建动画，例如，可以设置修改器参数的动画、材质参数的动画等。当指定动画参数之后，渲染器承担着色和渲染每个关键帧的工作，结果则是生成高质量的动画。

图 6-2 位于 1 和 2 位置是不同帧上的关键帧模型，动画过程中计算机产生中间帧

3. 帧速率

动画的帧速率以每秒显示的帧数（FPS）表示。即 3ds Max 每秒钟实时显示和渲染的帧数。由于 3ds Max 使用实时时间（内部精度为 1/4800 秒）来存储动画关键点，因此可以随时更改动画的帧速率，而不会影响动画计时。

例如，如果使用 30 FPS 的 NTSC 视频帧速率来创建三秒钟的动画，将具有 90 帧的动画。如果以后需要输出为每秒 25 帧的 PAL 视频，则可以切换到该帧速率，此时动画设置为 75 帧的输出。这不会更改动画的计时，只更改 3ds Max 将显示和渲染的帧数量。

6.1.2 基本动画工具

在 3ds Max 中，以下区域可以找到基本动画工具。

1. 轨迹视图

【轨迹视图】提供两种基于图形的不同编辑器，用于查看和修改场景中的动画数据。另外，可以使用【轨迹视图】来指定动画控制器，以便插补或控制场景中对象的所有关键点和参数。

【轨迹视图】使用两种不同的模式：曲线编辑器和摄影表，如图 6-3 所示和 6-4 所示。【曲线编辑器】模式将动画显示为功能曲线，而【摄影表】模式将动画显示为包含关键点和范围的电子表格。关键点是带颜色的代码，便于辨认。一些【轨迹视图】功能（如移动和删除关键点）也可以在时间滑块附近的轨迹栏上进行访问，还可以展开轨迹栏来显示曲线。

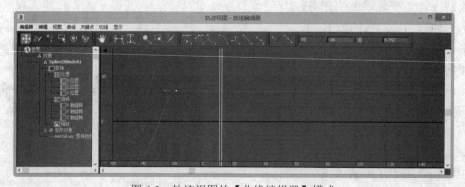

图 6-3 轨迹视图的【曲线编辑器】模式

默认情况下，【曲线编辑器】和【摄影表】打开为浮动窗口，但也可以将其停靠在界面底部的视口下面，甚至可以在视口中打开它们。

图 6-4　轨迹视图的【摄影表】模式

2. 轨迹栏

轨迹栏提供了显示帧数（或相应的显示单位）的时间线。这为用于移动、复制和删除关键点，以及更改关键点属性的轨迹视图提供了一种便捷的替代方式。选择一个对象，可以在轨迹栏上查看其动画关键点。轨迹栏还可以显示多个选定对象的关键点。

轨迹栏位于视口下方的时间滑块和状态栏之间（使用【自定义】|【显示 UI】|【显示轨迹栏】命令打开），它显示的关键点使用颜色编码，因此可以轻松确定该帧上存在哪种关键点，如图 6-5 所示。位置、旋转和缩放关键点分别是红色、绿色和蓝色。不可变换的关键点（如修改器参数）是灰色。

图 6-5　视口下方的轨迹栏

3.【运动】面板

【运动】面板提供用于调整选定对象运动的工具。使用该面板可以调整影响所有位置、旋转和缩放动画的变换控制器，如图 6-6 所示。

用于变换动画的默认控制器包括：

- 位置：位置 XYZ。
- 旋转：Euler XYZ（默认控制器，有些旋转会使用 TCB 控制器）。
- 缩放：Bezier 缩放。

4.【层次】面板

通过【层次】面板可以访问用来调整对象间层次链接的工具，如图 6-7 所示。通过将一个对象与另一个对象相链接，可以创建父子关系。应用到父对象的变换同时将传递给子对象。通过将多个对象同时链接到父对象和子对象，可以创建复杂的层次。

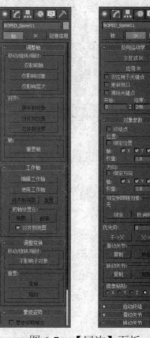

图 6-6　【运动】面板　　　　　　　　　　图 6-7　【层次】面板

链接的常规用法如下：

（1）创建复杂运动。

（2）模拟关节结构。

（3）提供反向运动学基础。

（4）为【骨骼】设置旋转和滑动参数。

5. 动画和时间控件

主动画控件和用于在视口中进行动画播放的时间控件位于程序窗口底部的状态栏和视口导航控件之间，如图 6-8 所示。使用这些控件可以移动到时间上的任意点，并在视口中播放动画。

图 6-8　主动画控件

6.1.3　动画和时间控件

1. 动画控件

● 自动关键点（自动关键点）：【自动关键点】按钮切换称为"自动关键点"的关键帧模式。启用【自动关键点】后，对对象位置、旋转和缩放所做的更改都会自动设置成关键帧（记录）。禁用【自动关键点】后，这些更改将应用到第 0 帧。

- （设置关键点）：利用【设置关键点】模式可以控制设置关键点的对象及时间。它可以设置角色的姿势（或变换任何对象），如果满意的话，可以使用该姿势创建关键点。如果移动到另一个时间点而没有设置关键点，那么该姿势将被放弃。

- （选择列表）：使用【设置关键点】动画模式时，可快速访问命名选择集和轨迹集。使用此功能可在不同的选择集和轨迹集之间快速切换。

- （新关键点的默认入/出切线）：该弹出按钮可为新的动画关键点提供快速设置默认切线类型的方法，这些新的关键点是用设置关键点模式或者自动关键点模式创建的。

- （关键点过滤器）：可以打开【设置关键点过滤器】对话框，在其中可以指定使用"设置关键点"时创建关键点所在的轨迹。在设置关键点动画模式中，可以使用【设置关键点】按钮和【关键点过滤器】的组合为选定对象的各个轨迹创建关键点。

- （转至开头）：可以将时间滑块移动到活动时间段的第一帧。

- （上一帧/关键点）：使用【上一帧】可将时间滑块向后移动一帧。如果启用关键点模式，时间滑块将移动到上一个关键帧。

- （播放/停止）：【播放】按钮用于在活动视口中播放动画。如果单击另一个视口使其处于活动状态，则动画将在该视口中继续播放。在播放动画时，【播放】按钮将变为【停止】按钮。对于只播放选定对象的动画，【播放】按钮为弹出按钮。

- （下一帧/下一关键点）：使用"下一帧"可将时间滑块向前移动一帧。如果启用关键点模式，时间滑块将移动到下一个关键帧。

- （转至结尾）：可将时间滑块移动到活动时间段的最后一个帧。

- 〔当前帧（转到帧）〕：【当前帧】显示当前帧的编号或时间，指明时间滑块的位置，也可以在此字段中输入帧编号或时间来转到该帧。

2. 时间控件

- （关键点模式）：使用"关键点模式"可以在动画中的关键帧之间直接跳转。默认情况下，"关键点模式"使用在时间滑块下面的轨迹栏中可见的关键点。其他选项位于【关键点步幅】组中的【时间配置】对话框上。

- （时间配置）：【时间配置】对话框提供了帧速率、时间显示、播放和动画的设置，如图 6-9 所示。可以使用此对话框来更改动画的长度、拉伸或重缩放，还可以用于设置活动时间段和动画的开始帧和结束帧。

图 6-9　【时间配置】对话框

6.2　创建动画基本方法

在 3ds Max 中创建动画的基本方法非常简单：先设置关键点，然后移动时间滑块，最后变换对象以随时间更改其位置、旋转或缩放即可。

6.2.1　使用自动关键点模式

要开始创建动画，先要启用【自动关键点】功能，使用时间滑块转到特定帧，然后更改场景中的事物。可以为对象的位置、旋转和缩放以及几乎所有其他设置和参数设置动画。

当进行更改时，3ds Max 同时创建存储被更改参数的新值的关键点。如果该关键点为参数创建的第一个动画关键点，还将在"自动关键点"默认帧创建第二个动画关键点以保留参数的原始值。

启用【自动关键点】具有以下效果：

（1）【自动关键点】按钮、时间滑块和活动视口边框都变成红色以指示处于动画模式。

（2）当变换对象或更改可设置动画的参数时，3ds Max 会在时间滑块位置所示的当前帧创建关键点。

动手操作　通过自动关键点制作球体动画

1 打开素材库中的 "..\Example\Ch06\6.2.1.max" 练习文件，在视口下方中单击【自动关键点】按钮，此时视口会显示红色边框，如图 6-10 所示。

2 将视口下的时间滑块拖到第 50 帧上，在主工具栏中选择【选择并移动】按钮，将鼠标指针移到球体坐标轴的 XY 面作用框上（指针移到该区域会黄色高亮显示），再移动球体（可以在 X 轴和 Y 轴之间任意移动），如图 6-11 所示。

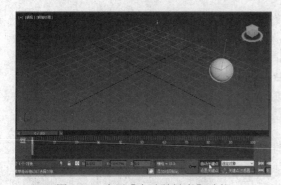 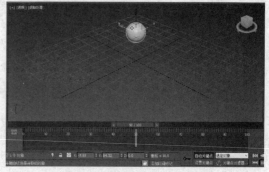

图 6-10　启用【自动关键点】功能　　　　　图 6-11　移动时间滑块和球体

3 将时间滑块移到第 100 帧上，然后将鼠标指针移到球体坐标轴的 XY 面作用框上并继续移动调整其位置，如图 6-12 所示。

4 单击【自动关键点】按钮退出"自动关键点"模式，然后在【动画控件】面板中单击【播放动画】按钮，播放动画查看其效果，如图 6-13 所示。

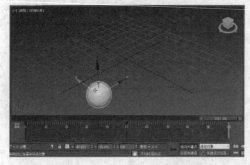 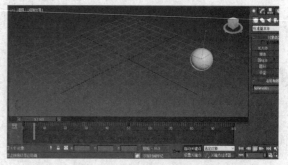

图 6-12　再次移动时间滑块和球体　　　　　图 6-13　退出"自动关键点"模式并播放动画

6.2.2　使用设置关键点模式

"设置关键点"动画方法专为专业角色动画制作人员而设计，他们希望尝试一些姿势，随后特意把那些姿势交由关键帧处理。动画设计人员也可以使用这种方法在对象的指定轨迹上设置关键点。

"设置关键点"模式与"自动关键点"模式相比，前者的控制性更强，因为通过它可以试验想法并快速放弃这些想法而无须撤销工作。通过它可以变换对象，并通过使用【轨迹视图】中【关键点过滤器】和【可设置关键点轨迹】有选择性地给某些对象的某些轨迹设置关键点。

"设置关键点"模式和"自动关键点"模式有几个方面的差别：

（1）在"自动关键点"模式中，工作流程是启用"自动关键点"，移动到时间上的点，然后变换对象或者更改它们的参数，所有的更改注册为关键帧。当关闭"自动关键点"模式时，不能再创建关键点。当"自动关键点"模式关闭时，对对象的更改全局应用于动画。这也被称为布局模式。

（2）在"设置关键点"模式中，工作流程是相似的，但在行为上有着根本的区别。启用"设置关键点"模式，然后移动到时间上的点。在变换或者更改对象参数之前，使用【轨迹视图】和【过滤器】中的【可设置关键点】图标决定对哪些轨迹可设置关键点。一旦知道要对什么设置关键点，就在视口中试验姿势（变换对象，更改参数等）。

动手操作　通过设置关键点制作茶壶动画

1 打开素材库中的"..\Example\Ch06\6.2.2.max"练习文件，在视口下方中单击【设置关键点】按钮，然后单击【关键点过滤器】按钮，在弹出的对话框中选择过滤器选项，接着关闭对话框，如图 6-14 所示。

2 在视口中选择茶壶对象，然后在【动画控件】面板中单击大的【设置关键点】按钮（或者按 K 键），为选定的对象在第 0 帧处添加一个关键点。当按钮变成红色时，就设置了出现在时间标尺上的关键点，如图 6-15 所示。关键点是带颜色编码的，以便反映哪些轨迹设置了关键点。

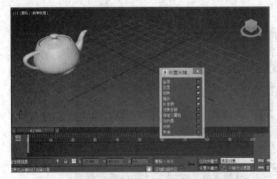

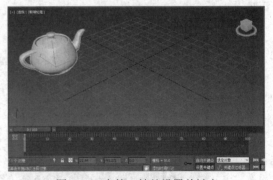

图 6-14　开始"设置关键点"模式并设置过滤器　　图 6-15　在第 0 帧处设置关键点

3 将时间滑块移到第 40 帧上，在主工具栏中选择【选择并移动】按钮，将茶壶对象移到场景栅格上角处，接着选择【选择并旋转】工具，设置 Z 轴旋转为–100，单击大的【设置关键点】按钮，如图 6-16 所示。

4 将时间滑块移到第 70 帧上，使用【选择并移动】工具将茶壶对象移到场景栅格中央处，再选择【选择并旋转】工具，沿着 X 轴旋转对象，接着单击大的【设置关键点】按钮，如图 6-17 所示。

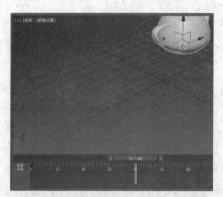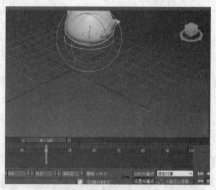

图 6-16　移动与旋转对象并在第 40 帧处设置关键点

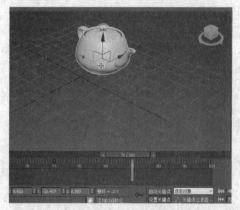

图 6-17　移动与旋转对象并在第 70 帧处设置关键点

5 将时间滑块移到第 100 帧上，使用【选择并旋转】工具 将茶壶对象沿着 X 轴旋转，再选择【选择并移动】工具 ，移动茶壶对象，接着单击大的【设置关键点】按钮 ，如图 6-18 所示。

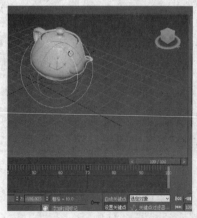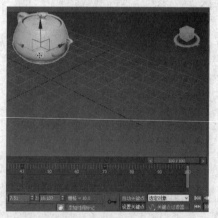

图 6-18　移动与旋转对象并在第 100 帧处设置关键点

6 单击【设置关键点】按钮退出"设置关键点"模式，然后在【动画控件】面板中单击【播放动画】按钮 ，播放动画查看其效果，如图 6-19 所示。

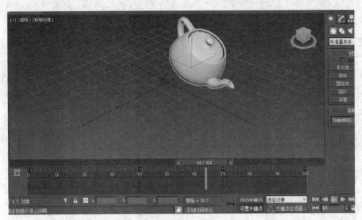

图 6-19　退出"设置关键点"模式并播放动画

6.2.3　创建动画的常用操作

1. 沿时间移动

使用时间控件区域中的时间滑块或【当前帧】字段，可以移至活动时间段中的任何时间，也可以使用播放控件按钮沿时间进行移动。

● 使用时间滑块：时间滑块显示当前时间，并用于移到活动时间段中的任何时间。

其方法为：

（1）拖动时间滑块，如图 6-20 所示。

（2）在时间滑块任一侧的空白轨迹处单击，如图 6-21 所示。

（3）在时间滑块的任一端单击增加箭头。

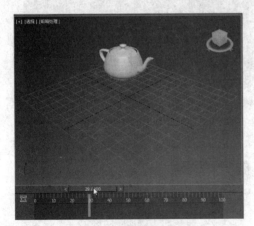

图 6-20　拖动时间滑块

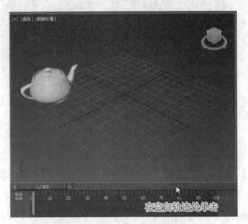

图 6-21　单击移至指定时间

● 移到确切时间：【当前帧】字段始终显示当前时间，也可以输入一个时间值，并按下 Enter 键移动到该时间。如图 6-22 所示，在【当前帧】字段输入 20 并按 Enter 键，即可移到第 20 帧处。

● 使用时间控制按钮：使用【时间控制】按

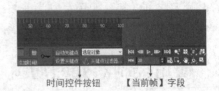

　时间控件按钮　　【当前帧】字段

图 6-22　使用【当前帧】字段和时间控制按钮

钮可在时间中前后移动，并在一个或多个视口中播放动画，如图 6-22 所示。这些按钮与用于沿帧移动以及开始和停止动画播放的 VCR 控件相似。

2. 关键点模式切换

使用【关键点模式切换】功能可以在动画中的关键帧之间直接跳转。默认情况下，【关键点模式切换】功能使用在时间滑块下面的轨迹栏中可见的关键点。

其方法为：在【动画控件】面板中按下【关键点模式切换】按钮，再使用【上一关键点】按钮和【下一关键点】按钮从一个关键帧移动到下一个关键帧，如图 6-23 所示。

3. 添加时间标记

时间标记是文本标签，可以指定给动画中的任何时间点。

通过选择标记名称可以轻松跳转到动画中的任何点。该标记可以相对于其他时间标记进行锁定，以便移动一个时间标记时可以更新另一个时间标记的时间位置。

时间标记不附加到关键帧上。这是命名动画中出现的事件并浏览它们最简单的方式。如果移动关键帧，就需要相应更新时间标记。

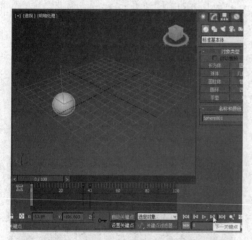 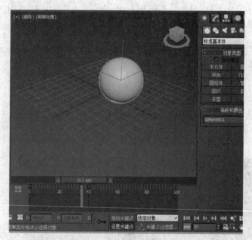

图 6-23　切换关键点模式并跳转到下一个关键点

添加时间标记的方法为：将时间滑块移动到要添加标记的时间点，在状态栏中单击【添加时间标记】按钮，在弹出菜单中选择【添加标记】命令，然后在【添加时间标记】对话框中输入名称，再根据需要设置【相对于】和【锁定时间】选项，接着单击【确定】按钮，如图 6-24 所示。

图 6-24　添加时间标记

- 锁定时间：将标记锁定到当前帧，而不必考虑随后的时间缩放。
- 相对于：使用该选项可以指定当前标记将与其保持相对偏移的另一个标记。

6.3　使用控制器处理动画

控制器是 3ds Max 中处理所有动画值的存储和插值的插件。

6.3.1　关于控制器

具体来说，控制器有以下功能：

（1）存储动画关键点值。

（2）存储程序动画设置。

（3）在动画关键点值之间插值。

大多数可设置动画的参数在设置它们的动画之前不接收控制器。在启用"自动关键点"按钮的情况下，在除第 0 帧之外的任意帧处更改可设置动画的参数，或者单击参数轨迹以启用【曲线编辑器】的【添加关键点】功能之后，3ds Max 会为参数指定默认控制器。

1. 访问控制器

在 3ds Max 中，可在以下两个不同位置直接使用控制器：

- 轨迹视图▦：控制器在【层次】列表中由各种控制器图标指示。每个控制器都具有自己的图标。无论在【曲线编辑器】模式还是在【摄影表】模式中，使用【轨迹视图】都可以对所有对象和所有参数查看和使用控制器。
- 【运动】面板◉：包含为了使用变换控制器的特殊工具。【运动】面板包含许多同样的控制器功能，如【曲线编辑器】、加号控制以使用 IK 解算器这样的特殊控制器。使用【运动】面板可以查看和使用一个选定对象的变换控制器。

2. 控制器的类别

3ds Max 中有以下两类主要的控制器。

- 单一参数控制器：控制单参数的动画值。无论参数有一个组件（如球体的半径），还是有多个组件（如颜色的 RGB 值），控制器都只处理一个参数，如图 6-25 所示。
- 复合控制器：合并或管理多个控制器。复合控制器包括高级【变换】控制器，如 PRS、Euler XYZ 旋转控制器、变换脚本控制器和列表控制器。复合控制器以带有其他控制器的附属级分支的控制器图标形式出现在【层次】列表中，如图 6-26 所示。

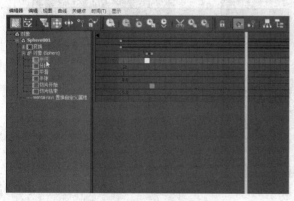

图 6-25　单一参数控制器

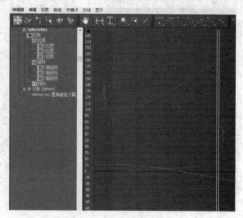

图 6-26　复合控制器

3. 查看控制器类型

可以在【曲线编辑器】和【运动】面板中查看指定参数的控制器类型。在【轨迹视图】中查看控制器类型之前，可以执行以下方法：在【曲线编辑器】工具栏上，单击【过滤器】按钮，然后在【过滤器】对话框的【显示】组选择【控制器类型】复选框，如图 6-27 所示。返回【曲线编辑器】，即可在【层次】视图中看到控制器类型名称，如图 6-28 所示。

图 6-27 选择【控制器类型】复选框

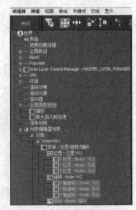

图 6-28 显示控制器类型前后的对比

6.3.2 了解轨迹视图

【轨迹视图】工作台的两个主要部分是【控制器】窗口和【关键点】窗口。

1.【控制器】窗口

【控制器】窗口能显示对象名称和控制器轨迹，还能确定哪些曲线和轨迹可以用来进行显示和编辑，如图 6-29 所示。用户可以根据需要使用层次列表右键单击菜单在控制器窗口中展开和重新排列层次列表项，如图 6-30 所示。

【控制器】窗口默认仅显示选定的对象轨迹，但也可以在轨迹视图【显示】菜单中找到一些导航工具，并可以单独折叠或展开轨迹，甚至可以按 Alt 键并右击，显示另一个菜单来折叠和展开轨迹，如图 6-31 所示。

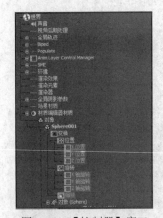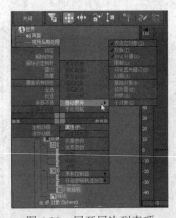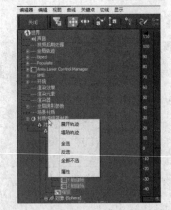

图 6-29 【控制器】窗口   图 6-30 展开层次列表项   图 6-31 按 Alt 键并右击显示菜单

2.【关键点】窗口

【关键点】窗口可以将关键点显示为曲线或轨迹。轨迹可以显示为关键点框图或范围栏。

在关键点框图显示中，关键点可以显示为曲线编辑器中功能曲线上的点，或者【摄影表】模式上的框。【摄影表】模式上的关键点经过颜色编码，便于辨认，如图 6-32 所示。当一帧中为多个轨迹设置了关键点时，框会显示出相交颜色，来指示共用的关键点类型。关键点颜色还可以用来显示关键点的软选择。子帧关键点（帧与帧之间的关键帧）用框中的狭窄矩形标出。

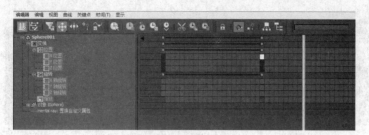

图 6-32　轨迹显示为关键点框图

在"摄影表-编辑范围"模式（动画关键点已创建）中，范围工具栏显示指定动画发生的时间范围，如图 6-33 所示。

图 6-33　关键点显示为范围栏

3. 创建关键点

在 3ds Max 中，可以使用多种方法创建动画关键点。

在【轨迹视图】中，可以在轨迹栏上单击右键并选择【添加关键点】命令，或者单击【添加关键点】按钮，当指针变成图示后，在功能曲线上单击即可添加关键点，如图 6-34 所示。

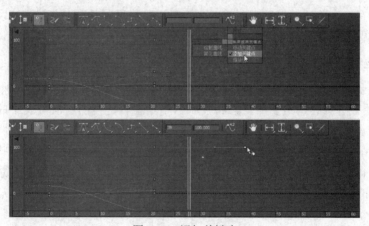

图 6-34　添加关键点

4. 功能曲线

功能曲线可以把关键点的值及关键点间的插值显示为曲线。这些曲线表示的是参数是怎样随时间变化的。只有动画轨迹才能显示功能曲线，可以使用关键点上的切线控制柄来编辑曲线，以此更改曲线形状，如图 6-35 所示。

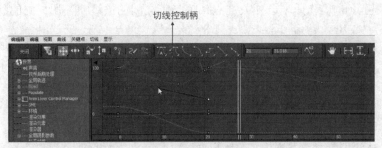

图 6-35　使用切线控制柄来编辑功能曲线

5. 轨迹视图时间滑块

当前的时间会由【轨迹视图】时间滑块表示出来。在"曲线编辑器"中时间滑块显示为双黄色垂直线；在"摄影表"中时间滑块显示为单黄色粗垂直线，如图 6-36 所示。

【轨迹视图】中的时间滑块与视口时间滑块的位置保持同步。当需要移动【轨迹视图】的时间滑块时，可以在【关键点】窗口中拖动它。

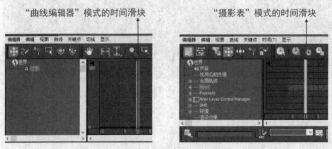

图 6-36　【轨迹视图】中的时间滑块

6.3.3　指定与设置控制器

每个参数都有一个默认的控制器类型，它们在为参数设置动画时指定。可以为任何参数从多个控制器类型中选择并在设置参数动画后更改控制器。

1. 在【轨迹视图】中指定控制器

常用的方法是通过高亮显示轨迹名称（在层次列表中选定轨迹名称），然后在【编辑】|【控制器】子菜单上选择【指定】命令，将控制器指定给轨迹视图层次列表中的任意可设置动画的参数，如图 6-37 所示。

在 3ds Max 中，可以将相同的控制器类型指定给选定的多个参数，只要这些选定的参数可以使用相同的控制器类型即可。例如，可以选择多个长方体对象的【长度】、【宽度】和【高度】参数，并将同样的控制器类型指定给它们。

如果已经为一个参数设置了动画，那么指定新的控制器会产生下列效果之一：

（1）重新计算现有的动画值，以此来生成使用新控制器的类似的动画。如用【Bezier 位置】替换【TCB 位置】可以较好地保留原动画。

（2）丢弃现有动画值。例如，用【噪波旋转】控制器替换【平滑旋转】控制器会丢弃【平滑旋转】的动画值。

图 6-37　指定控制器

2．使用【动画】菜单指定控制器

可以使用【动画】菜单指定控制器。其方法为：在菜单栏中选择【动画】菜单，然后从控制器类型命令项中打开对应的子菜单并选择控制器即可，如图 6-38 所示。

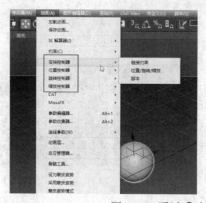

图 6-38　通过【动画】菜单指定控制器

当使用此方法指定控制器后，会自动指定一个列表控制器，并且指定的控制器会作为表中的第一项出现，如图 6-39 所示为通过【动画】菜单指定【线性缩放】控制器的结果。加权的列表控制器使用户可以通过设置权重动画在多个轨迹间混合。

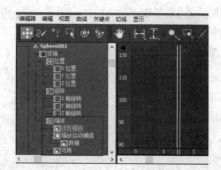

图 6-39　指定【线性缩放】控制器

3. 通过【运动】面板指定控制器

通过【运动】面板的【指定控制器】卷展栏可以向单个对象指定并追加不同的变换控制器。

其方法为：在【运动】面板的【指定控制器】卷展栏中打开层次列表，然后选择要指定控制器的参数，单击【指定控制器】按钮，在打开的对话框中选择控制器并单击【确定】按钮即可，如图 6-40 所示。

图 6-40 通过【运动】面板指定控制器

4. 更改控制器属性

某些控制器（包括像噪波控制器的程序控制器）不使用关键帧。对于此类型的控制器，可以通过使用【属性】对话框编辑控制器参数来分析并更改动画。控制器类型确定控制器是否显示【属性】对话框以及显示的信息类型。

使用【曲线编辑器】可以同时查看多个轨迹的【控制器属性】对话框。查看多个【控制器属性】对话框时遵循以下规则：

（1）每个轨迹在每个【轨迹视图】窗口中仅显示一个【属性】对话框。

（2）多个轨迹的【属性】对话框可见时，只有一个对话框可以处于活动状态。

（3）除非选定关键点，否则将禁止使用关键点的轨迹的【属性】对话框。

其方法为：高亮显示参数控制器或复合控制器的标签，鼠标右键单击该标签，然后从快捷菜单选择【属性】命令以显示【属性】对话框。或者直接双击标签打开【属性】对话框，如图 6-41 所示。

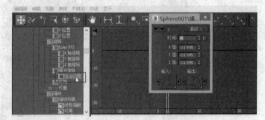

图 6-41 双击标签打开【属性】对话框

6.3.4 控制动画对象的变换

在 3ds Max 中，最常用的控制器是变换控制器。变换控制器是复合控制器，它们设置用于位置、旋转和缩放的控制器的类型和行为。

1. 位置、旋转、缩放控制器

位置/旋转/缩放（PRS）控制器是适用于大多数对象的简单变换控制器。应用之后，PRS 变换控制器设置默认 Bezier 位置、TCB 旋转和 Bezier 缩放控制器。

其使用方法为：在【运动】面板或【轨迹视图】执行指定控制器操作，然后在打开【指定变换控制器】对话框后选择【位置/旋转/缩放】项，再单击【确定】按钮，如图 6-42 所示。

2. 变换脚本控制器

图 6-42 指定位置、旋转、缩放控制器

变换脚本控制器在一个脚本化的矩阵值中包含 RPS 控制器含有的所有信息。可以从一个

174

【脚本控制器】对话框同时访问位置、旋转和缩放这三个值，而不必使这三个值分别拥有单独的轨迹。由于变换值是由脚本定义的，因此它们易于设置动画。

其使用方法为：在【运动】面板或【轨迹视图】执行指定控制器操作，然后选择【变换/位置/旋转/缩放脚本】控制器，在【脚本控制器】对话框中创建变量，在【表达式】框中输入 MAXScript 块表达式的主体并进行计算即可，如图 6-43 所示。

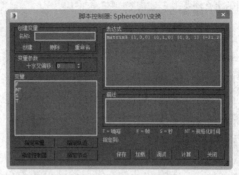

图 6-43　使用变换脚本控制器

6.4　使用【运动】面板

使用【运动】面板可以在【参数】选项卡中指定控制器、设置 PRS 参数和编辑关键点，并可以在【轨迹】选项卡中查看与编辑运动轨迹。

6.4.1　PRS 参数

【PRS 参数】卷展栏提供用于创建和删除关键点的工具。PRS 代表三个基本的变换控制器：位置、旋转和缩放。

创建 PRS 变换关键点的方法为：在视口中选择一个对象，将时间滑块拖到希望放置关键点的帧处。打开【运动】面板，单击【参数】按钮，打开【参数】选项卡，然后打开【PRS 参数】卷展栏。单击以下的按钮之一，如图 6-44 所示。

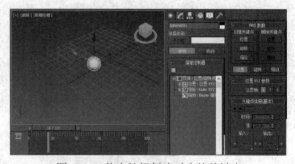

图 6-44　单击按钮创建对应的关键点

（1）单击【位置】按钮可创建一个【位置】关键点。

（2）单击【旋转】按钮可创建一个【旋转】关键点。

（3）单击【缩放】按钮可创建一个【缩放】关键点。

　　在【创建关键点】组和【删除关键点】组下方有【位置】、【旋转】和【缩放】三个按钮，它们的作用是决定显示在【运动】面板上的【PRS 参数】卷展栏下面的【关键点信息】卷展栏的内容。

6.4.2　关键点信息

在【运动】面板中提供了【关键点信息（基本）】卷展栏和【关键点信息（高级）】卷展栏。

1.【关键点信息（基本）】卷展栏

可以更改一个或多个选定关键点的动画值、时间和插值方法，如图 6-45 所示。

2.【关键点信息（高级）】卷展栏

包含除【关键点信息（基本）】展栏上的关键点设置以外的其他关键点设置，如图 6-46 所示。

通过【关键点信息（高级）】卷展栏的设置，能够通过以下三种方式控制动画速度：

（1）使用【输入】/【输出】字段指定关键点的绝对速度。

（2）可以使用【规格化时间】功能计算一段时间内的平均速度。

（3）对于特定的控制器类型，可以使用【恒定速度】功能强制一个组件关键点到下一个关键点之间为恒定速度。

图 6-45　【位置】和【缩放】参数的【关键点信息（基本）】卷展栏

图 6-46　【位置】和【缩放】参数的【关键点信息（高级）】卷展栏

6.4.3　显示与编辑轨迹

【轨迹】功能显示对象随时间运动的路径。这对于在不需要实际播放动画的情况下查看对象在动画期间相对于场景中的其他对象如何移动非常有用。【轨迹】也可用于直接调整路径并将其转换为其他格式，以及从其他格式转换。

1．显示对象轨迹

其方法为：选择一个随时间移动的动画对象，鼠标右键单击对象并选择【对象属性】命令，然后在【显示属性】组中单击【按层】按钮以更改此按钮为【按对象】（如果按钮已经显示为【按对象】则可忽略此操作），如图 6-47 所示。

图 6-47　设置按对象显示属性

在【运动】面板中单击【轨迹】按钮显示轨迹。轨迹显示为有白色方块和白色圆点的红线，白色方块是关键点，白色圆点是中间帧，如图 6-48 所示。

　　默认情况下，仅当选定对象和【轨迹】模式处于活动状态时，对象的轨迹在视口中可见。要使对象的轨迹始终可见，可以在【对象属性】对话框中选择【轨迹】复选框，如图 6-49 所示。

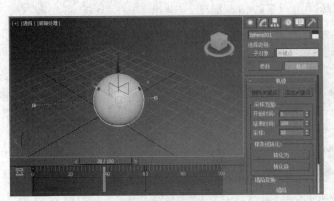

图 6-48　显示轨迹

图 6-49　设置始终可见轨迹

2. 在轨迹中添加与删除关键点

其方法为：选择对象并显示轨迹，在【运动】面板中按下【轨迹】按钮，然后单击【子对象】按钮激活关键点并启用编辑，如图 6-50 所示。

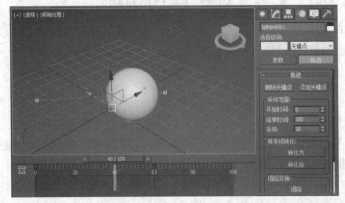

图 6-50　激活关键点并启用编辑

在【运动】面板中单击【添加关键点】按钮，然后单击轨迹添加关键点，如图 6-51 所示。无论在何处单击轨迹都会添加关键点。

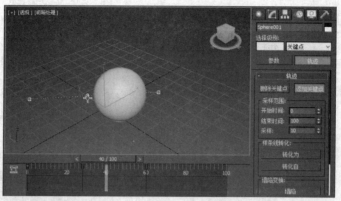

图 6-51 在轨迹上添加关键点

如果要从轨迹中删除关键点，可以选择轨迹上的一个关键点，然后在【运动】面板中取消按下【添加关键点】按钮并单击【删除关键点】按钮，如图 6-52 所示。

图 6-52 选择关键点后单击【删除关键点】按钮

6.5 技能训练

下面通过多个上机练习实例，巩固所学技能。

6.5.1 上机练习 1：制作飞机起飞的动画模型

本例将通过"设置关键点"模式创建飞机对象的位置动画。首先在第 1 帧添加关键点，然后将时间滑块移到第 100 帧，再调整飞机对象在 XY 平面和 Z 轴的位置，适当旋转飞机对象并添加关键点，最后通过播放动画查看效果即可。

操作步骤

1 打开素材库中的 "..\Example\Ch06\6.5.1.max" 练习文件，在视口中选择飞机对象，然后在【动画控件】面板中单击【设置关键点】按钮，将时间滑块移到第 0 帧处，接着单击大的【设置关键点】按钮，如图 6-53 所示。

2 在【动画控件】面板中单击【时间配置】按钮，打开【时间配置】对话框后，在【动画】组中设置结束时间为 100，单击【确定】按钮，如图 6-54 所示。

图 6-53 启用"设置关键点"模式并设置第一个关键点

图 6-54 设置动画结束时间

3 将时间滑块移到第 100 帧上，在主工具栏选择【选择并移动】按钮，将鼠标指针移到坐标轴的 *XY* 作用区域上，接着将飞机对象移到栅格的上角处，如图 6-55 所示。

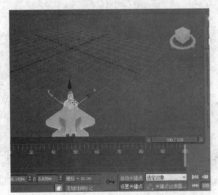
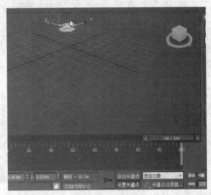

图 6-55 移动时间滑块并调整飞机的位置

4 通过 ViewCube 三维导航控件设置到【左】视图，然后将鼠标指针移到 *Z* 轴上并向上移动，如图 6-56 所示。

图 6-56 切换视图并沿 *Z* 轴移动飞机对象

5 单击 ViewCube 三维导航控件中【右】面和【后】面之间的边，以切换视图，然后在主工具栏上选择【选择并旋转】按钮，先沿着 *Y* 轴旋转飞机，再沿着 *X* 轴旋转飞机，如图 6-57 所示。

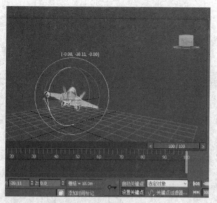 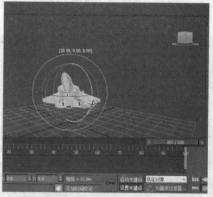

图 6-57　切换视图并旋转飞机对象

6 通过 ViewCube 三维导航控件 切换视图，然后单击大的【设置关键点】按钮 以添加关键点，接着单击【设置关键点】按钮退出"设置关键点"模式，如图 6-58 所示。

7 单击【动画控件】面板的【播放动画】按钮 ，播放动画查看飞机起飞的效果。为了更好地查看动画效果，可以切换不同的视图来播放动画，如图 6-59 所示。

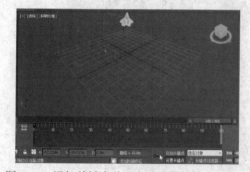 

图 6-58　添加关键点并退出"设置关键点"模式　　　　图 6-59　播放动画查看效果

6.5.2　上机练习 2：使用位置脚本控制器修改动画

本例将介绍使用【位置脚本】控制器修改动画的方法，目的是要在动画期间，保持指定对象相对于场景中的其他对象居中对齐。在本例中，即通过使用【位置脚本】控制器使茶托对象相对于茶壶对象居中对齐并完成动画过程。

操作步骤

1 打开素材库中的 "..\Example\Ch06\6.5.2.max" 练习文件，选择视口中的圆柱体对象，在【运动】面板中修改对象名称为【茶托】，如图 6-60 所示。

2 在【指定控制器】卷展栏中选择【位置】轨迹，然后单击【指定控制器】按钮 ，打开【指定位置控制器】对话框后，选择【位置脚本】控制器，再单击【确定】按钮，如图 6-61 所示。

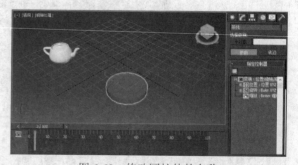

图 6-60　修改圆柱体的名称

3 在打开的对话框中输入名称为【茶托】，单击【创建】按钮，然后单击【指定节点】按钮，在【轨迹视图拾取】对话框中选择【茶托】对象，接着单击【确定】按钮，如图 6-62 所示。

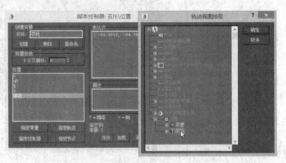

图 6-61　指定【位置脚本】控制器　　　　图 6-62　创建变量并指定节点

4 在【脚本控制器】对话框的【表达式】窗口中输入以下脚本并单击【计算】按钮，如图 6-63 所示：

```
local pos=[0,0,-5]
for o in objects where o != 茶托  do
pos += o.pos
pos / (objects.count - 1)
```

问： 上面脚本的作用是什么？

答： 这个脚本可以通过以下方式计算除当前对象（在此写为茶托）之外所有对象的平均位置：对局部进行设置，对除了茶托之外的所有对象反复演算，对总位置向量进行积累，对最后一行的平均值进行计算，这是该脚本的最后结果。对于本例来说，计算结果是将茶托对齐到与茶壶在 XY 平面相同的位置，且在 Z 轴中下移 5。

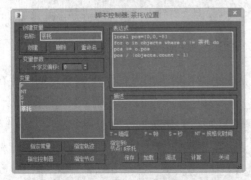
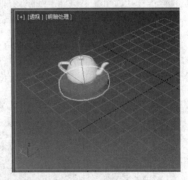

图 6-63　输入脚本并计算结果

5 关闭【脚本控制器】对话框，然后单击【动画控件】面板的【播放动画】按钮▷，播放动画以查看效果，如图 6-64 所示。

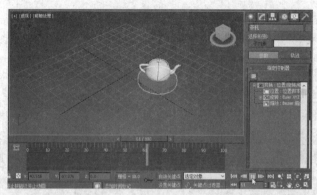

图 6-64　播放动画查看效果

6.5.3　上机练习 3：使用颜色 RGB 控制器创建动画

【颜色 RGB】控制器将 R、G 和 B 组件拆分到三个单独轨迹中，以通过此控制器设置颜色轨迹的参数。本例将介绍为聚光灯对象应用【颜色 RGB】控制器，并分别为 R、G、B 轨迹中添加关键点，以功能曲线形式设置各个关键点参数，制作出聚光灯颜色变化的动画的方法。

操作步骤

1 打开素材库中的 "..\Example\Ch06\6.5.3.max" 练习文件，选择视口中的聚光灯对象，在主工具栏中单击【曲线编辑器】按钮，在轨迹视图中打开【对象（Traget Spot）】列表并选择【颜色】轨迹，然后单击【添加关键点】按钮，接着在【颜色】轨迹的第 0 帧处单击添加关键点，如图 6-65 所示。

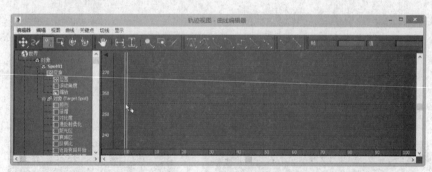

图 6-65　在轨迹视图的【颜色】轨迹中添加第一个关键点

2 在【颜色】轨迹的第 50 帧和第 100 帧上单击，添加另外两个关键点，如图 6-66 所示。

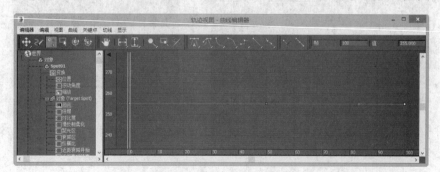

图 6-66　在【颜色】轨迹中添加另外两个关键点

3 在层次列表中的【颜色】项中单击鼠标右键，在弹出菜单中选择【指定控制器】命令，打开【指定 Point3 控制器】对话框后，选择【颜色 RGB】控制器并单击【确定】按钮，如图 6-67 所示。

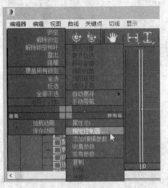

图 6-67　指定颜色 RGB 控制器

4 打开【颜色】列表可以看到有 R、G、B 三个独立的轨迹，选择【R】轨迹上的第一个关键点，再设置该关键点的值为 350，如图 6-68 所示。

图 6-68　设置【R】轨迹第一个关键点

5 选择【R】轨迹上最后一个关键点，然后设置该关键点的值同样为 350，如图 6-69 所示。

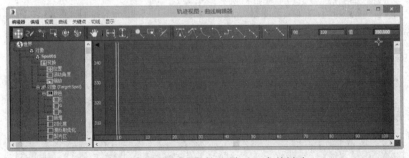

图 6-69　设置【R】轨迹最后一个关键点

6 选择【G】轨迹，然后分别设置该轨迹上第一个关键点的值为 100、第二个关键点的值为默认、最后一个关键点的值为 300，如图 6-70 所示。

7 选择【B】轨迹，分别设置该轨迹上第一个关键点的值为 200、第二个关键点的值为 400、最后一个关键点的值为 50，如图 6-71 所示。

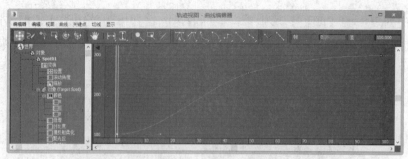

图 6-70 设置【G】轨迹各个关键帧的值

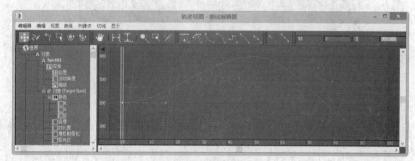

图 6-71 设置【B】轨迹各个关键帧的值

8 选择【颜色】轨迹，可以查看 R、G、B 三个轨迹功能曲线的设置，如图 6-72 所示。

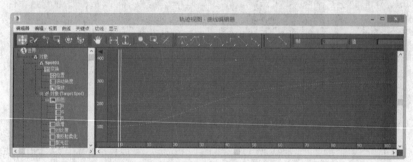

图 6-72 查看轨迹的功能曲线

9 在【动画控件】面板中单击【播放动画】按钮，播放动画以查看聚光灯颜色变化的效果，如图 6-73 所示。

图 6-73 播放动画查看效果

6.5.4　上机练习 4：通过【运动】面板创建动画

本例先为"托盘体"对象创建位置关键点，制作该对象从平面对象外移到平面对象中央的动画，然后为"咖啡杯体"对象创建位置和旋转关键点，制作该对象从上往下移动并沿 Z 轴旋转 360 度的动画。

操作步骤

1 打开素材库中的"..\Example\Ch06\6.5.4.max"练习文件，选择视口中的【托盘体】对象，在【运动】面板中单击【参数】按钮，打开【PRS 参数】卷展栏并单击【创建关键点】组中的【位置】按钮，如图 6-74 所示。

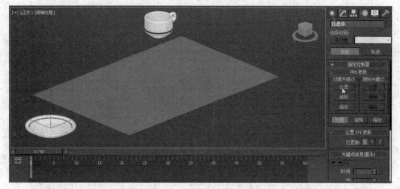

图 6-74　为【托盘体】对象添加第一个【位置】关键点

2 将时间滑块移到第 60 帧处，再次单击【运动】面板中的【位置】按钮添加关键点，在【关键点信息（基本）】卷展栏中输入值为 10.7，如图 6-75 所示。

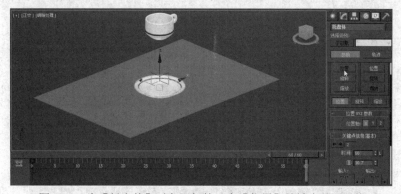

图 6-75　为【托盘体】对象添加第二个【位置】关键点并设置值

3 将时间滑块移到第 0 帧处，选择【咖啡杯体】对象，然后在【运动】面板中单击【位置】按钮，如图 6-76 所示。

4 将时间滑块移到第 60 帧上，继续选择【咖啡杯体】对象，在【运动】面板中单击【位置】按钮，单击【位置 XYZ 参数】卷展栏的【Z】按钮，在【关键点信息（基本）】卷展栏上输入值为–15，如图 6-77 所示。

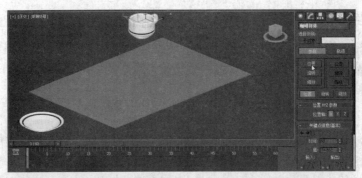

图 6-76　为【咖啡杯体】对象添加第一个【位置】关键点

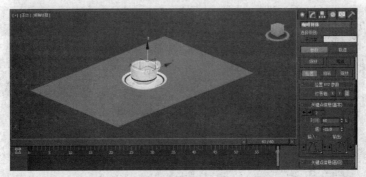

图 6-77　为【咖啡杯体】对象添加第二个【位置】关键点并设置值

5 将时间滑块移到第 0 帧上，选择【咖啡杯体】对象，然后在【运动】面板中单击【旋转】按钮，再将时间滑块移到第 60 帧处并再次单击【旋转】按钮，在【Euler 参数】卷展栏中单击【Z】按钮，在【关键点信息（基本）】卷展栏上输入值为 360，如图 6-78 所示。

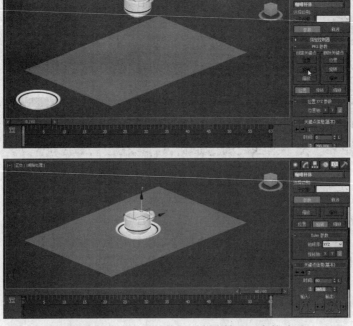

图 6-78　制作【咖啡杯体】对象旋转 360 度的动画

6.5.5 上机练习5：通过编辑轨迹来处理动画

本例先使用"自动关键点"模式为汽车对象创建在场景中沿直线移动的动画，然后通过【运动】面板显示移动轨迹，并在轨迹上添加三个关键点，接着沿着 Y 轴分别移动其中两个关键帧的位置，使运动轨迹变成曲线，制作汽车沿曲线移动的动画。

操作步骤

1 打开素材库中的 "..\Example\Ch06\6.5.5.max" 练习文件，在【动画控件】面板中单击【自动关键点】按钮启用"自动关键点"模式，将时间滑块移到第 0 帧处，单击大的【设置关键点】按钮添加第一个关键点，然后将时间滑块移到第 50 帧处，将汽车对象移到另一个位置，如图 6-79 所示。

图 6-79　制作汽车沿直线移动的动画

2 取消"自动关键点"模式，在【运动】面板中单击【轨迹】按钮，在【选择级别】项中单击【子对象】按钮，如图 6-80 所示。

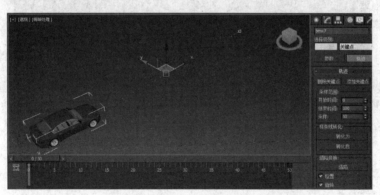

图 6-80　显示轨迹并激活子对象选择级别

3 单击【轨迹】卷展栏中的【添加关键点】按钮，然后在轨迹上单击添加三个关键点，如图 6-81 所示。

4 单击【添加关键点】按钮使之取消按下状态，然后选择【选择并移动】工具，再选择新增的第一个关键点，并沿着 Y 轴移动该关键点，接着选择新增的第三个关键点，并同样沿着 Y 轴移动该关键点，如图 6-82 所示。

图 6-81　在运动轨迹中添加三个关键点

图 6-82　移动轨迹上的两个关键点

5 单击【动画控件】面板的【播放动画】按钮，以播放动画查看汽车沿着弯曲轨迹移动的效果，如图 6-83 所示。

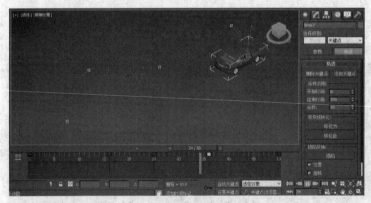

图 6-83　播放动画查看效果

6.6　评测习题

1．填充题

（1）在 3ds Max 中制作动画，首先创建记录每个动画序列起点和终点的关键帧。这些关键帧的值称为_____。

（2）_____提供了显示帧数（或相应的显示单位）的时间线，用于移动、复制和删除关键点，以及更改关键点属性的轨迹视图提供了一种便捷的替代方式。

（3）在 3ds Max 中设置动画的所有内容都通过_____处理，它是处理所有动画值的存储和插值的插件。

2．选择题

（1）【轨迹视图】使用以下哪两种不同的模式？　　　　　　　　　　（　　）

　　A．曲线编辑器和摄影表　　　　　　　B．曲线编辑器和轨迹表

　　C．关键点框图和范围栏　　　　　　　D．编辑范围和时间范围

（2）以下关于控制器作用的说明，哪个是错误的？　　　　　　　　　（　　）

　　A．存储动画关键点值　　　　　　　　B．存储程序动画设置

　　C．在动画关键点值之间插值　　　　　D．设置动画的帧速率

（3）在 3ds Max 中，位置、旋转和缩放关键点分别是红色、绿色和蓝色，那么不可变换的关键点是什么颜色呢？　　　　　　　　　　　　　　　　　　　　　（　　）

　　A．黄色　　　　　　B．紫色　　　　　C．白色　　　　　D．灰色

3．判断题

（1）动画的帧速率以每秒显示的帧数（FPS）表示，即 3ds Max 每秒钟实时显示和渲染的帧数。　　　　　　　　　　　　　　　　　　　　　　　　　　　　　　（　　）

（2）3ds Max 有两类主要的控制器：单一参数控制器和复合控制器。　（　　）

（3）【PRS 参数】卷展栏提供用于创建和删除关键点的工具。PRS 代表三个基本的变换控制器：位置、旋转和缩放。　　　　　　　　　　　　　　　　　　　　（　　）

（4）时间标记附加到关键帧上。这是一种命名动画中出现的事件，并浏览它们最简单的方式。　　　　　　　　　　　　　　　　　　　　　　　　　　　　　　　　（　　）

4．操作题

使用"自动关键点"模式为练习文件中的【投影体】对象制作旋转–180 度的动画，效果如图 6-84 所示。

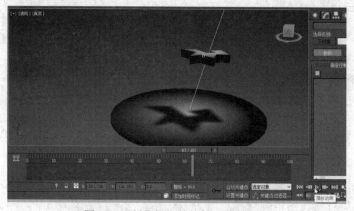

图 6-84　制作投影体旋转动画的效果

操作提示：

（1）打开素材库中的"..\Example\Ch06\6.6.max"练习文件，在视口下方中单击【自动关键点】按钮，此时视口会显示红色边框。

（2）将视口下的时间滑块拖到第 100 帧上，然后在主工具栏中选择【选择并旋转】工具。

（3）在视口中选择【投影体】对象，设置 Z 轴的值为–180，最后退出"自动关键点"模式即可。

第 7 章　创作动画的高级应用

学习目标

本章介绍在 3ds Max 中创建动画的高级应用技能，包括使用层次和约束、制作正向和反向动画、使用 CAT 和 character studio 角色动画系统等内容。

学习重点

☑ 了解和应用层次

☑ 了解和应用动画约束

☑ 制作正向运动动画

☑ 制作反向运动动画

☑ 使用 CAT 角色动画系统

☑ 使用 character studio 角色动画系统

7.1　层次的应用

在制作动画时，可以将一个对象与另一个对象相链接，创建父子关系，以将对象链接在一起形成链的功能。这样，应用于父对象的变换同时将传递给子对象。链也称为层次。

7.1.1　关于层次

1. 层次的成分

共同链接在一个层次中的对象之间的关系类似于一个家族树。

- 父对象：控制一个或多个子对象的对象。一个父对象通常也被另一个更高级别的父对象控制。如图 7-1 所示中，对象 1 和对象 2 是父对象。
- 子对象：父对象控制的对象。子对象也可以是其他子对象的父对象。如图 7-1 所示中，对象 2 和对象 3（支撑和轮轴）是对象 1 的子对象。对象 5（座椅）是对象 4（转轮）的子对象。
- 祖先对象：一个子对象的父对象以及该父对象的所有父对象。如图 7-1 所示，对象 1 和对象 2 是对象 3 的祖先对象。
- 派生对象：一个父对象的子对象以及子对象的所有子对象。如图 7-2 所示，所有对象都是对象 1 的派生对象。
- 层次：在单个结构中相互链接在一起的所有父对象和子对象。
- 根对象：层次中唯一一比所有其他对象的层次都高的父对象。所有其他对象都是根对象的派生对象。如图 7-2 所示，对象 1 是根对象。
- 子树：所选父对象的所有派生对象。
- 分支：在层次中从一个父对象到一个单独派生对象之间的路径。如图 7-1 所示，支柱、转动门轴、Ferris 轮子对象构成一个从根到树叶（座位）的分支。

- 叶对象：没有子对象的子对象。分支中最低层次的对象。如图 7-1 所示，座位对象是树叶对象。
- 链接：父对象及其子对象之间的链接。链接将位置、旋转和缩放信息从父对象传递给子对象。
- 轴：为每一个对象定义局部中心和坐标系统。可以将链接视为子对象轴同父对象轴之间的链接。

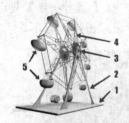
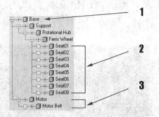

图 7-1　摩天轮模型的层次关系　　　　图 7-2　层次结构示例（1–根、2–树叶、3–子树）

2．层次的常见用法

（1）将大量对象的集合链接到一个父对象，以便通过移动、旋转或缩放父对象可以容易变换和设置这些对象的动画。

（2）将摄像机或灯光的目标链接到另一个对象，以便它可以通过场景跟踪对象。

（3）将对象链接到某个虚拟对象，以通过合并多个简单运动来创建复杂运动。

（4）链接对象以模拟关节结构，从而设置角色或机械装置的动画。

3．规划链接的策略

在开始链接一些较为复杂的层次之前应先规划好链接策略。将对象链接入层次的策略可以归纳为两个主要的原则：

（1）层次从父对象到子对象遵循一个逻辑的过程。

（2）父对象的移动要比其子对象少。

通过这两条原则，对于链接对象的方法几乎有着无限的灵活性。如果对使用层次进行了规划并记住链接的用途，那么在实际中很少会遇到问题。

7.1.2　链接和取消链接对象

1．链接对象

创建链接的常规过程是构建从子对象到父对象的层次。使用主工具栏上的【选择并链接】工具可以通过将两个对象链接作为子和父，定义它们之间的层次关系。

可以从当前选定对象（子）链接到其他任何对象（父），也可以将对象链接到关闭的组。执行链接到组的操作时，对象将成为组父级的子级，而不是该组的任何成员。整个组会闪烁，表示已链接至该组。

其方法为：在主工具栏中单击【选择并链接】按钮，然后从对象（子级）上拖出一条线到其他任何对象（父级）上即可（不必先选择子对象），如图 7-3 所示。链接对象后，应用于父对象的所有变换都将同样应用于其子对象。

图 7-3　选择并链接对象

2. 取消链接对象

通过主工具栏的【取消链接选择】工具，可移除从选定对象到它们的父对象的链接，不影响选定对象的任何子对象。

其方法为：选择要取消链接的子对象，然后在主工具栏中单击【取消链接选择】按钮即可。

3. 显示链接

复杂网格层次可以和链接一起显示，甚至使用链接代替网格对象。要显示链接，可以先选择链接的对象，然后在【显示】面板【链接显示】卷展栏上选择【显示链接】复选框，如图 7-4 所示。另外，也可以选择【链接替换对象】复选框以便仅显示链接，而不显示对象。

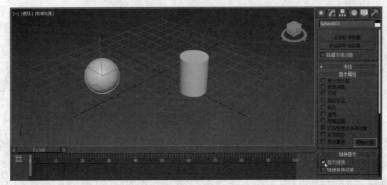

图 7-4　显示链接

7.2　应用动画约束

动画约束是可以帮助自动化动画过程的控制器的特殊类型。通过与另一个对象的绑定关系，可以使用约束来控制对象的位置、旋转或缩放。

7.2.1　关于动画约束

动画约束需要一个设置动画的对象及至少一个目标对象。目标对受约束的对象施加了特定的动画限制。例如，如果要设置飞机沿着预定跑道起飞的动画，应该使用路径约束来限制飞机向样条线路径的运动。

动画约束的常见用法包括：

（1）在一段时间内将一个对象链接到另一个对象，如人物角色的脚绑住一个气球。

（2）将对象的位置或旋转链接到一个或多个对象。

（3）在两个或多个对象之间保持对象的位置。

（4）沿着一个路径或在多条路径之间约束对象。

（5）将对象约束到曲面。

（6）使对象指向另一个对象。

（7）保持对象与另一个对象的相对方向。

7.2.2　应用附着约束

附着约束是一种位置约束，它将一个对象的位置附着到另一个对象的面上（目标对象不用必须是网格，但必须能够转化为网格）。

📎 动手操作　应用附着约束

1 打开素材库中的 "..\Example\Ch07\ 7.2.2.max" 练习文件，选择要指定附着约束的对象（示例中为球体），然后打开【运动】面板上的【指定控制器】卷展栏，单击【位置】轨迹，接着单击【指定控制器】按钮🔲，在【指定位置控制器】对话框中选择【附加】控制器，如图 7-5 所示。

2 应用【附加】控制器后，球体移动到场景的原点，此时打开【运动】面板的【附着参数】卷展栏，然后单击【拾取对象】按钮并单击圆锥体，如图 7-6 所示。

图 7-5　指定【附着】控制器

3 调整视图以查看到圆锥体的底面，然后在【运动】面板的【关键点信息】组中单击【设置位置】按钮，在圆锥体底部曲面上单击并拖动面。拖动鼠标时，球体会跳到所拖动的面上，如图 7-7 所示。

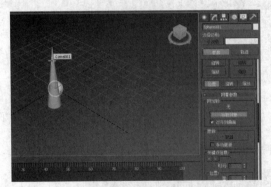

图 7-6　拾取对象

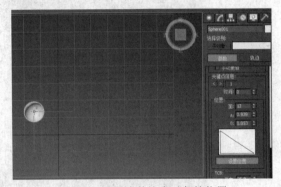

图 7-7　设置附着约束对象的位置

4 完成上述操作后，球体即附着圆锥体底面，并产生绑定圆锥体位置的约束。当圆锥体进行移动动画时，球体进行同样的移动动画，如图 7-8 所示。

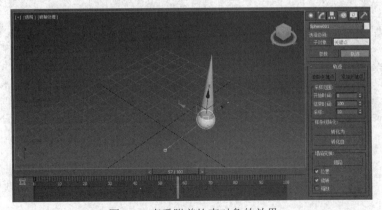

图 7-8　查看附着约束对象的效果

7.2.3 应用链接约束

链接约束可以使对象继承目标对象的位置、旋转度以及比例。实际上，这允许设置层次关系的动画，这样场景中的不同对象便可以在整个动画中控制应用了"链接"约束的对象的运动了。例如，可以使用链接约束将球从一只手传递到另一只手。

动手操作　应用链接约束

1 打开素材库中的"..\Example\Ch07\7.2.3.max"练习文件，选择球体并打开【运动】面板的【指定控制器】卷展栏，然后选择【变换：位置/旋转/缩放 】控制器，单击【指定控制器】按钮，选择【链接约束】控制器并单击【确定】按钮，如图 7-9 所示。

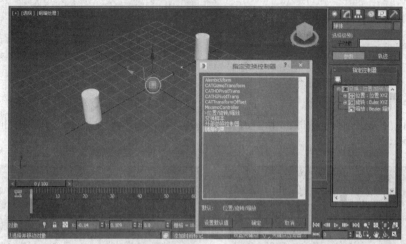

图 7-9　为球体指定【链接约束】控制器

2 在【运动】面板中打开【链接参数】卷展栏，然后单击【链接到世界】按钮。此操作将在【链接参数】卷展栏上的链接列表中的第 0 帧处添加一个【世界】条目，如图 7-10 所示。

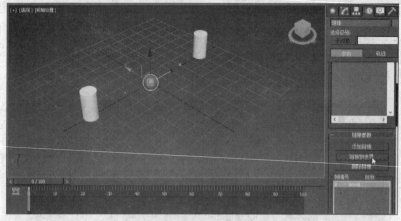

图 7-10　链接到世界

3 单击【添加链接】按钮，然后选中【圆柱体 1】对象，使之成为目标并且将会被添加到链接列表中，如图 7-11 所示。现在，球体和【圆柱体 1】对象之间的"链接"约束关系被激活。

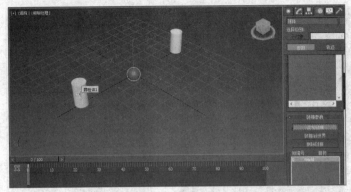

图 7-11　添加链接并选择链接目标

4 单击【添加链接】按钮取消其按下状态，将时间滑块移到第 50 帧上，然后单击【自动关键点】按钮，将【圆柱体 1】对象沿着 X 轴移动，如图 7-12 所示。

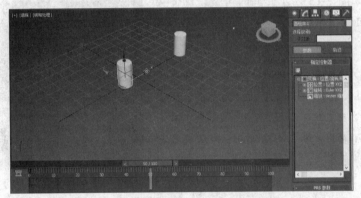

图 7-12　创建【圆柱体 1】对象的移动动画

5 将时间滑块移到第 25 帧上，然后选择球体，单击【添加链接】按钮并选中【圆柱体 2】对象，接着取消【添加链接】按钮的按下状态，如图 7-13 所示。

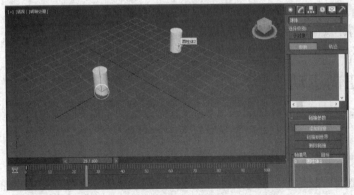

图 7-13　调整时间滑块位置并添加链接

6 将时间滑块移到第 0 帧上，然后在 XY 坐标平面中移动【圆柱体 2】对象的位置，单击【自动关键点】按钮，将时间滑块移到第 50 帧上，并在此帧上添加关键点，如图 7-14 所示。

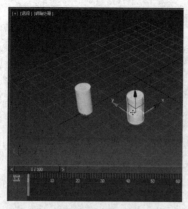 

图 7-14　调整【圆柱体 2】对象的位置并添加第一个关键点

7 将时间滑块移到第 100 帧上，然后沿着 Y 轴移动【圆柱体 2】对象，取消"自动关键点"模式即可，如图 7-15 所示。此时可发现球体会随【圆柱体 2】对象约束移动。

　在上述动画示例中，球体从第 0 帧到第 24 帧链接于圆柱体 1，因此它跟随圆柱体 1 移动直到第 25 帧，在此帧处将该球体链接指向圆柱体 2，并跟随圆柱体 2 移动直到第 100 帧。

图 7-15　创建【圆柱体 2】对象的移动动画

7.3　制作正向运动动画

正向运动学是创作层次动画的技术之一，这种技术采用的基本原理如下：

（1）按照父层次到子层次的链接顺序进行层次链接。

（2）轴点位置定义了链接对象的连接关节。

（3）按照从父层次到子层次的顺序继承位置、旋转和缩放变换。

7.3.1　关于正向运动

在制作正向运动动画时，设置层次对象动画的方法与设置其他动画的方法一致。可以通过"自动关键点"模式，然后在不同帧上变换层次中的对象。

1."链接"和"轴"的工作原理

两个对象链接到一起后，子对象相对于父对象保持自己的位置、旋转和缩放变换。这些变换从父对象的轴到子对象的轴进行测量。

例如，有两个长方体对象。较大的长方体是较小长方体的父对象，链接从父对象的轴延伸并链接到子对象的轴，将子对象的轴视为父对象和子对象之间的关节。

链接作为一个单向的管道将父对象的变换传输到子对象。当移动、旋转或缩放父对象时，子对象将以相同的量移动、旋转或缩放，如图 7-16 所示。另外，由于层次是单向的，移动、旋转或缩放子对象不会影响父对象，如图 7-17 所示。总之，应用到子对象的变换同时也继承了其父对象的变换。

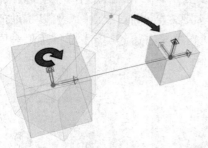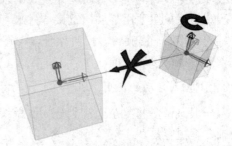

图 7-16　旋转父对象将影响子对象的位置和方向　　　　图 7-17　旋转子对象不影响父对象

2．设置父对象动画

从父对象传递到子对象的仅有变换。使用移动、旋转或缩放设置父对象动画的同时，也设置了附加到父对象上的子树动画，如图 7-18 所示。另外，父对象修改器或创建参数的动画不会影响其派生对象。

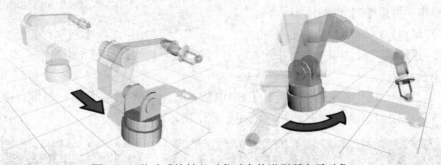

图 7-18　移动或旋转父对象时会传递到所有子对象

3．设置子对象动画

使用正向运动学时，子对象到父对象的链接不约束子对象。用户可以独立于父对象单独移动、旋转和缩放子对象。当如果移动层次中间的子对象时，将影响其所有派生对象，而不影响任何一个父对象，如图 7-19 所示。

　　　　子对象继承父对象的变换，父对象沿着层次向上继承其祖先对象的变换，直到根节点。由于正向运动学使用这样的一种继承方式，所以必须以从上到下的方式设置层次的位置和动画。

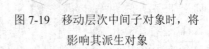

图 7-19　移动层次中间子对象时，将影响其派生对象

7.3.2　使用虚拟对象控制运动

使用虚拟辅助对象可以帮助创建复杂的运动和构建复杂的层次。

1. 关于虚拟辅助对象

虚拟辅助对象是一个线框立方体,轴点位于其几何体中心。它有名称但没有参数,不可以修改和渲染。它的唯一真实功能是它的轴点,用作变换的中心,而线框作为变换效果的参考。

虚拟对象主要用于层次链接。例如,通过将其与很多不同的对象链接,可以将虚拟对象用作旋转的中心。当旋转虚拟对象时,其链接的所有子对象与它一起旋转。通常虚拟对象使用这种方式设置链接运动的动画。

2. 控制运动的应用

一般来说,将复杂运动划分为简单组件能使返回和编辑动画变得更容易。

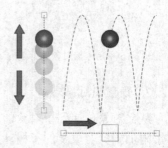

以沿路径移动并反弹的球为例,通过将其放在多个帧上可以设置球的动画,但很难返回并调整反弹高度或球的路径,需要在很多帧上编辑球的运动才能进行即使是非常简单的更改。但是,使用虚拟对象将运动划分为简单的组件,即可解决这个问题。一个组件是球的上下弹跳,另一个是沿路径移动,如图 7-20 所示。

图 7-20　将球的弹跳运动与虚拟对象的向前运动组合

动手操作　用虚拟对象制作弹跳动画

1 打开素材库中的 "..\Example\Ch07\7.3.2.max" 练习文件,在【创建】面板中单击【辅助对象】按钮,单击【虚拟对象】按钮,然后在【前】视图中的球体下方绘制一个虚拟对象,如图 7-21 所示。

2 在主工具栏中单击【选择并链接】按钮,然后在球体上按住鼠标左键再拖到虚拟对象上,将球体链接为虚拟对象的子对象,如图 7-22 所示。

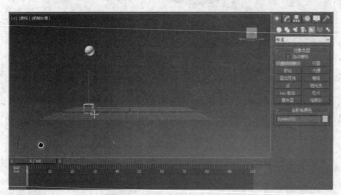

图 7-21　创建一个虚拟对象

图 7-22　将球体链接为虚拟对象的子对象

3 选择球体对象,启用 "自动关键点" 模式,然后在第 0 帧上添加关键点,接着分别在第 20 帧、40 帧、60 帧、80 帧和 100 帧上添加关键点,并调整球体各个关键点的位置,制作球体上下移动的动画,如图 7-23 所示。

4 选择虚拟对象,启用 "自动关键点" 模式,然后在第 0 帧上添加关键点,再将时间滑块移到第 100 帧上,将虚拟对象沿 X 轴移到右侧,最后取消 "自动关键点" 模式,创建虚拟对象平移的动画,如图 7-24 所示。

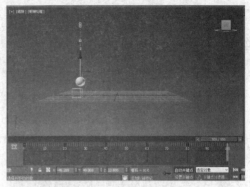

图 7-23　创建球体上下移动的动画

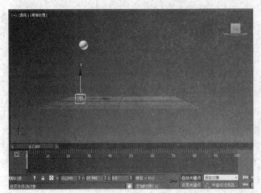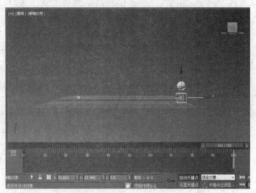

图 7-24　创建虚拟对象平移的动画

5 取消"自动关键点"模式，然后选择球体并在【运动】面板中单击【轨迹】按钮，以显示球体的运动轨迹。从轨迹中可以看出，由于虚拟对象的移动运动，使球体进行同方向移动的弹跳动画，如图 7-25 所示。

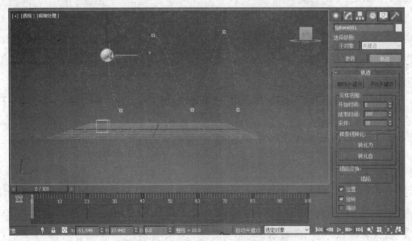

图 7-25　显示轨迹查看球体的运动

7.4　制作反向运动动画

反向运动学（IK）是一种设置动画的方法，它翻转链操纵的方向。它是从叶对象而不是

199

根开始进行工作的。

7.4.1 关于反向运动

1. 反向运动的原理

反向运动运用的是正向运动的逆传动原理。

以举手臂为例：要设置使用正向运动学的手臂的动画，可以旋转上臂使它移离肩部，然后旋转前臂、手腕以下的手部等，为每个子对象添加旋转关键点；要设置使用反向运动学的手臂的动画，则可以移动用以定位腕部的目标。手臂的上半部分和下半部分为 IK 解决方案所旋转，使称为末端效应器的腕部轴点向着目标移动。

> **问**：什么是末端效应器？
>
> **答**：在"历史依赖型反向运动学"（HD IK）中，末端效应器是所选子对象在运动学链末尾的轴点。
>
> 运动学链是用于带有反向运动学（IK）动画的层次的一个分支。该链起始于所选子对象，经过祖先，直至到达该链的起点。移动末端效应器时，HD IK 解算器随后使用 IK 计算来移动和旋转运动学链中的其他所有对象，以对移动的对象作出响应。

2. 正向运动学与反向运动学的差异

正向运动学使用自上而下的方法，它在定位和旋转父对象的地方开始，然后向下进行到定位和旋转每个子对象的层次。

正向运动学的基本原则包括：

（1）按照父层次到子层次的链接顺序进行层次链接。

（2）轴点在对象之间定义关节。

（3）子对象继承父对象的变换。

反向运动学（IK）使用目标导向方法，可以用来定位目标对象，并且 3ds Max 计算链末端的位置和方向。在所有计算都完成后，层次的最终位置就称作 IK 解决方案。有许多 IK 解算器可以应用到层次上。

反向运动学开始于链接和轴点位置并将它们作为地基，然后添加以下原则：

（1）关节受特定的位置和旋转属性的约束。

（2）父对象的位置和方向由子对象的位置和方向所确定。

3. 控制对象以辅助 IK

可以将目标或末端效应器应用到点、样条线或虚拟对象上，它们用作对链的末端进行转换或旋转的快速控制。这些控制对象可以链接在一起，可以受约束的控制，也可以使用相关联的参数以构建这些控制对象之间的关系。

另外，可以将控制对象与操纵器辅助对象或自定义属性相关联起来，为可设置动画的模型创建可以方便地进行访问的界面，也可以添加进一步的控制以操纵链中间的元素。

4. IK 术语

● IK 解算器：可以将 IK 解决方案应用到运动学链中。运动学链是由一个骨骼系统或一组链接对象所组成的。

- IK 关节：可以控制对象与它的父对象一起如何进行变换。用户可以在三种类别中用设置来指定关节行为：

（1）对象轴点对象的轴点位置定义了应用关节运动的地方。

（2）关节参数更改【层次】命令面板中的 IK 设置，以确定关节操作的方向、约束和顺序。

（3）父轴点对象父轴点的位置定义了对关节约束进行估量的原点。

- 开始关节和结束关节：定义了 IK 解算器所管理的 IK 链的开始和结束。链的层次确定了它的方向。启用末端效应器显示后，结束关节的轴点显示为末端效应器。

- 运动学链：反向运动学计算运动学链中对象的位置和方向。运动学链定义为 IK 控制之下的层次的任何一部分。IK 链开始于一个选定的节点，并由一个开始节点和结束节点组成。链的基点可以是整个层次的根或者指定为链的终结点的对象。在将 IK 解算器应用到链上，或自动应用 IK 解算器来创建骨骼链时，就定义了运动学链。

- 目标：为"HI 解算器"（历史独立型 IK 解算器）用来操纵链的末端。在设置了目标的动画后，IK 解决方案会尝试将末端效应器（链中最后一个孩子的轴点）与目标位置相匹配。在使用"HD 解算器"时，末端效应器执行与目标相同的功能。

- 末端效应器：对于任何 IK 解决方案，明确移动控制对象。之后，IK 计算就会移动并旋转运动学链中所有其他的对象，以对移动的对象作出响应。进行移动的对象就是目标，在"HI 解算器"或"IK 肢体解算器"中，或在"HD 解算器中"，它是末端效应器。

- 终结点：可以将一个或多个对象定义为终结点，明确设置 HD（历史依赖型）IK 链的地基。终结点对象可以停止 IK 计算，以使高于层次的对象不受 IK 解决方案的影响。终结点对象也可以用来定义使用多个 HD IK 链的层次。在"HI 解算器"或"IK 肢体解算器"中不使用终结点对象。在这些情况下，终结点是由链的结束关节所确定的。

- 绑定对象：层次中的对象可以绑定到世界，也可以绑定到跟随对象。绑定允许层次外的对象影响层次中的对象。

5. 反向运动学方法

反向运动学建立在层次链接的概念上。3ds Max 还提供了 IK 解算器方法，以及另外两个反向运动学动画的非解算器方法：交互式 IK 和应用式 IK。

7.4.2　应用 IK 解算器

1. 关于 IK 解算器

IK 解算器是按程序在一定范围的帧上应用 IK 解决方案的特殊控制器。

3ds Max 附带了 4 种不同的 IK 解算器：HD（历史依赖型）、HI（历史独立型）、IK 肢体、样条线 IK。

通常，所有的 IK 解算器有以下共同点：

（1）可以在任何层次上工作。

（2）可以在任何层次或骨骼结构上工作。

（3）在进行更改时，为所有帧实时计算 IK 解决方案。

（4）允许在一个单个的层次内创建多个 IK 链。

（5）允许在一个单个的层次内创建多个或重叠的 IK 链。

（6）以图形方式显示活动的关节轴和关节限制。

（7）使用节点、目标或末端效应器来设置链末端的动画。

（8）使用末端效应器来设置链末端的动画。

2. IK 解算器的工作方式

IK 解算器可以创建反向运动学解决方案，用于旋转和定位链中的链接。它可以应用 IK 控制器，用来管理链接中子对象的变换，也可以将 IK 解算器应用于对象的任何层次。

通常，IK 解算器的工作方式如下：反向运动学链可以在部分层次中加以定义，即从角色的臀部到脚跟或者从肩部到手腕。IK 链的末端是 gizmo，即目标。

可以随时重新定位目标或设置目标动画，此时可以采用各种方法。这些方法通常包括使用链接、参数关联或约束。无论目标如何移动，IK 解算器都尝试移动链中最后一个关节的枢轴（也称终端效应器），以便满足目标的要求。IK 解算器可以对链的部分进行旋转，以便扩展和重新定位末端效应器，使其与目标相符。

3. IK 与骨骼

虽然可以对对象的任何层次应用 IK 解算器，但是结合使用 IK 解算器的骨骼系统是一个设置角色动画的理想途径。骨骼系统是一种通过关节连接的骨骼对象层次链接。骨骼可以用作链接对象的支架。

4. 方法

要向层次或骨骼系统中添加 IK 解算器的方法如下：

（1）创建骨骼系统或对象的其他任何链接层次，如图 7-26 所示。

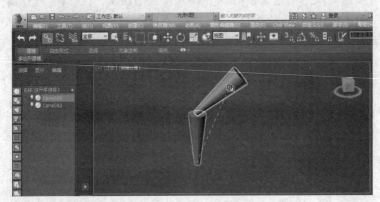

图 7-26　创建链接层次

（2）选择需要启动 IK 链的位置处的骨骼或对象，然后打开【动画】|【IK 解算器】子菜单，再选择以下 IK 解算器，如图 7-27 所示：

① 支持角色动画的 HI 解算器。

② 支持具有滑动关节的机械装配的 HD 解算器。

④ 支持两骨骼链的 IK 肢体解算器。

⑤ 用于提高复杂的多骨骼结构控制的样条线 IK 解算器。

（3）单击需要结束 IK 链的位置，如图 7-28 所示。如果使用的是 IK 肢体解算器，必须应用 IK 解算器，以便只对两个骨骼进行控制。

图 7-27　选择应用 IK 解算器　　　　　　图 7-28　单击需要结束 IK 链的位置

动手操作　应用 IK 解算器创建动画

1 打开素材库中的 "..\Example\Ch07\7.4.2.max" 练习文件，选择【Bone04】对象，在主工具栏中选择【选择并链接】工具 🔗，在视口中拖动鼠标指针到【Bone03】对象上，使【Bone04】对象成为【Bone03】对象的子对象，如图 7-29 所示。

2 选择【Bone03】对象，使用【选择并链接】工具 🔗 创建到【Bone02】对象的链接，然后使用相同的方法，创建【Bone02】对象到【Bone01】对象的链接，如图 7-30 所示。

图 7-29　执行第一次链接对象　　　　　　7-30　执行其他链接创建出层次

3 选择最下端的【Bone04】对象，选择【动画】|【IK 解算器】|【HI 解算器】命令，然后移动鼠标指针到【Bone03】对象的上端并单击以设置结束 IK 链的位置，如图 7-31 所示。

图 7-31　应用 IK 解算器

4 选择【Bone03】对象，选择【动画】|【IK 解算器】|【HI 解算器】命令，然后移动

鼠标并单击设置结束 IK 链的位置，接着使用相同的方法，为【Bone02】对象应用解算器，如图 7-32 所示。应用解算器后会生成 IK 链对象。

5 按下【自动关键点】按钮，然后选择【Bone04】对象并将时间滑块移到第 0 帧上，再选择【IK Chain001】对象并添加一个关键点，如图 7-33 所示。

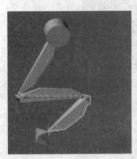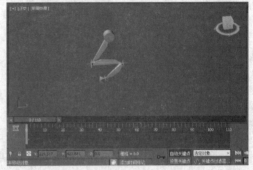

图 7-32　再次应用 IK 解算器　　　　图 7-33　启用"自动关键点"模式

6 将时间滑块移到第 30 帧上，选择【IK Chain001】对象并单击主工具栏的【选择并移动】按钮，再移动 IK 链对象的位置，如图 7-34 所示。

7 选择【IK Chain002】对象，然后沿着 Y 轴移动，调整第二个 IK 链的位置，如图 7-35 所示。

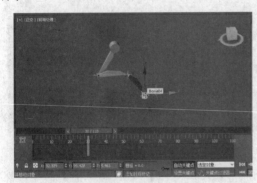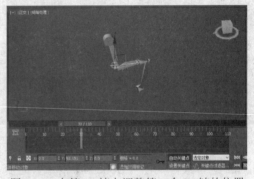

图 7-34　在第 30 帧上调整第一个 IK 链的位置　　图 7-35　在第 30 帧上调整第二个 IK 链的位置

8 将时间滑块移到第 60 帧上，选择【IK Chain001】对象并沿着 Y 轴移动，接着选择【IK Chain002】对象并调整其位置，如图 7-36 所示。

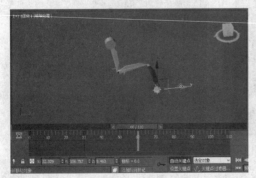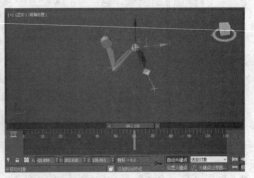

图 7-36　在第 60 帧上分别调整 IK 链的位置

9 将时间滑块移到第 90 帧上，选择【IK Chain002】对象并调整其位置，接着选择【IK Chain001】对象并同样调整其位置，如图 7-37 所示。

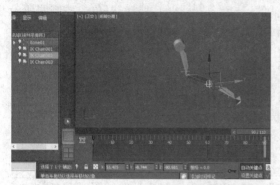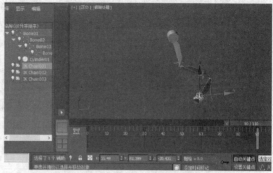

图 7-37　在第 90 帧上分别调整 IK 链的位置

10 将时间滑块移到第 110 帧上，选择【IK Chain003】对象并调整其位置，接着选择【IK Chain001】对象并同样调整其位置，如图 7-38 所示。

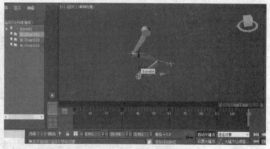

图 7-38　在第 110 帧上分别调整 IK 链的位置

11 在场景资源管理器选择同时选择到 IK 链对象，然后在【运动】面板中单击【轨迹】按钮，以显示 IK 链的运动轨迹，播放动画查看应用 IK 解算器后的动画效果，如图 7-39 所示。

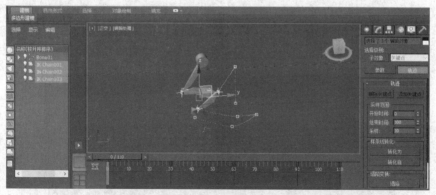

图 7-39　查看 IK 链的运动轨迹

7.4.3　应用其他 IK 方法

除了 IK 解算器之外，3ds Max 还提供了两个反向运动学动画的非解算器方法：交互式 IK 和应用式 IK。这些 IK 方法不应用 IK 解算器。

- 交互式 IK：可以在不应用 IK 解算器的情况下在层次上使用 IK 操纵器。用户可以激活"交互式 IK"并手动设置末端效应器位置的动画，来设置 IK 结构的动画。IK 解决方案仅为设置的关键帧进行计算，所有其他的运动都是插补的，就如对象的控制器所设置的一样。移动链的末端只是将旋转关键点添加到链中的对象上，对于其他控件，对象可以指定关节限制。

- 应用式 IK：可以设置跟随对象的动画，并且 3ds Max 可在指定范围的每一帧上求解。IK 解决方案作为标准变换动画关键点而应用。"应用式 IK"使用所有对象的链接层次，可以在相同的对象上合并正向运动学和反向运动学。另外，可以将它自动应用到一定范围的帧上，或交互式的应用到单个帧上。

1. 使用交互式 IK

启用"交互式 IK"和"自动关键点"模式后，在关键帧上调整模型的位置，并在关键帧之间进行 IK 解决方案插值。

示例：如图 7-40 所示中展示了一个 IK 结果，它的终端效应器停留在一个圆锥体顶部。在 100 帧的范围内圆锥体以直线移动。

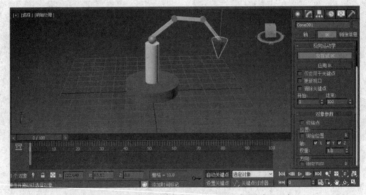

图 7-40　在"自动关键点"模式下启用交互式 IK

其操作方法为：启用"自动关键点"模式，然后在【层次】面板【IK】选项卡中单击【交互式 IK】按钮，如图 7-40 所示。在第 100 帧将 IK 结构的末端效应器移动到其他位置，如图 7-41 所示。此时末端效应器的插补动画沿着看起来很自然的曲线路径移动，如图 7-42 所示。

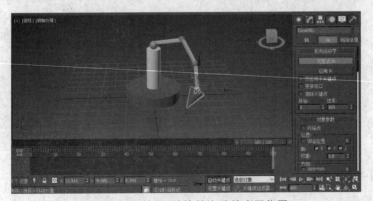

图 7-41　调整 IK 结构的末端效应器位置

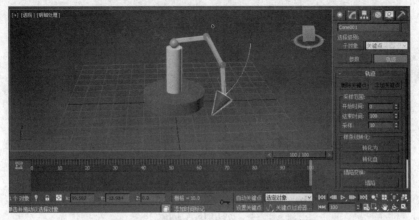

图 7-42　查看末端效应器插补动画的效果

　　　使用交互式 IK 移动和旋转对象时，可能会注意到有些对象不能移动或不能围绕所有轴旋转。这是因为已设置的关节参数限制了这些对象。如果关节参数指定了运动不能够在特定的轴上发生，那么链的终端便不能移动。

2. 使用应用式 IK

应用式 IK 需要将 IK 结构的一个或多个部分绑定在一起，以设置跟随对象的动画。绑定之后，可以选择运动学链中的任何对象，然后使用"应用式 IK"，该操作将会为动画的每一帧计算 IK 解决方案，并为 IK 链中的每个对象放置变换关键点。

示例：如图 7-50 所示中展示了一个 IK 结果，它的终端效应器停留在一个圆锥体顶部。终端效应器下方是一个沿直线移动的球体。

其操作方法为：选择终端效应器，在【层次】面板【IK】选项卡中单击【绑定】按钮，然后从终端效应器中拖出一条线到球体上，如图 7-43 所示。终端效应器一旦绑定到球体，它会尽力将自己的轴点位置与球体的轴点相匹配。此时选择终端效应器并单击【应用 IK】按钮，3ds Max 将终端效应器与球体匹配并计算每一帧的 IK 解决方案。播放动画显示终端效应器完美地跟随球体运动，如图 7-44 所示。

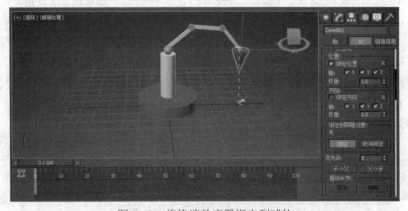

图 7-43　将终端效应器绑定到球体

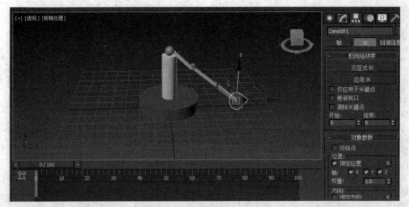

图 7-44 应用 IK 后的效果

7.5 角色动画——CAT

3ds Max 包含两套完整的对各个角色设置动画的独立子系统（即 CAT 和 character studio），以及一个独立的群组模拟填充系统。

CAT（Character Animation Toolkit）是 3ds Max 的角色动画插件。CAT 有助于角色装备、非线性动画、动画分层、运动捕捉导入和肌肉模拟。

使用 CAT，可以更轻松地装备和制作多腿角色和非类人角色的动画，它也可以很逼真地制作类人角色的动画。CAT 的内置装备包括许多多肢生物，例如，具有 4 条腿和一对翅膀的龙、蜘蛛和具有多条腿的蜈蚣。通过使用基于图形的 CATMotion 编辑器，可以沿着路径轻松设置这些生物的动画，而不会产生脚步滑动效果。CATMotion 最适合通过调整躯干部位（如骨盆）的参数来实时修改循环运动。

7.5.1 使用 CATRig 装备

CATRig 是定义 CAT 骨骼动画系统的层次。它是一个快速、复杂而又灵活多变的角色装备，旨在用于创建需要的角色，而不必编写脚本。

1. 加载 CATRig 预设

CAT 为人体、动物、昆虫、机器人等提供了一个预设装备库。用户可以从头开始创建 CATRig，也可以通过预设装备库加载最符合要求的装备，并在此基础上进行编辑。

其方法为：打开【创建】面板并单击【辅助对象】按钮，再打开顶部的列表框并选择【CAT 对象】命令。打开【对象类型】卷展栏，再单击【CAT 父对象】按钮，然后在【CATRig 加载保存】卷展栏的列表框中选择预设装备，在视口中单击并拖动，将预设添加到场景中，如图 7-45 所示。

2. 移除 CATRig 部位

可以移除 CATRig 某些部位，也可以将其全部移除。要移除某个元素，只需选择该元素并按 Delete 键即可。删除元素的同时还会移除该元素所在的局部权重组所包括的所有骨骼。例如，如果删除肢体中的任何骨骼，会同时删除该肢体中的所有骨骼、IK 目标以及已添加到装备中的所有附加骨骼，而不管它们是否已重新链接到层次中的其他部位。

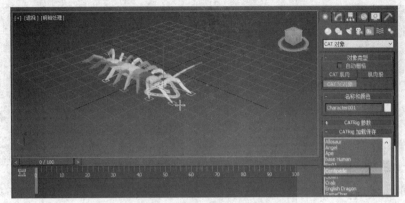

图 7-45　加载 CATRig 预设到场景

动手操作　创建 CATRig

1 新建一个场景，打开【创建】面板并单击【辅助对象】按钮，再打开顶部的列表框并选择【CAT 对象】命令。

2 打开【对象类型】卷展栏，单击【CAT 父对象】按钮，然后在【CATRig 加载保存】卷展栏的列表框中选择【(无)】，在视口中单击并拖动添加 CAT 父对象，如图 7-46 所示。

3 选择场景中的 CAT 父对象，转到【修改】面板，在【CATRig 加载保存】卷展栏中单击【创建骨盆】按钮，此时该骨盆随即显示在视口中，并处于 CAT 父对象正中央的上方，如图 7-47 所示。

4 选择骨盆对象，打开【修改】面板的【连接部设置】卷展栏，然后从卷展栏中先添加腿、脊椎连接部，如图 7-48 所示。

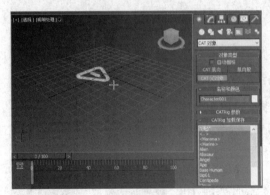

图 7-46　添加 CAT 父对象

图 7-47　创建骨盆

5 选择脊椎顶部的连接部，再添加手臂和脊椎，然后向下移动头部连接部，并使其稍微向前，以生成一个更像人体的结构，如图 7-49 所示。

连接部是一个特殊类型的 CAT 骨骼，用作 CATRig 中的组织设备。通常，它是脊椎、手臂、腿、尾部和附加骨骼的生长起始点。根据连接部的功能，它可以是一个骨盆、胸腔、胸廓或头部。

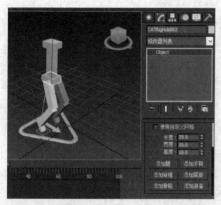
图 7-48 添加人体下半部分的连接部

图 7-49 添加人体上半部分的连接部

7.5.2 使用 CAT 设置动画

CAT 的 FK/IK 装备操纵系统使用户只需执行简单的推拉操作即可将装备部位置于所需姿势，而不管它们是采用 IK 还是 FK。对于行走循环序列，CATMotion 允许创建完全自定义的行走循环，并围绕场景指挥角色，而无须安排每个足迹。

1. 关键帧动画

CAT 采用基于层的动画系统，这意味着所有关键帧都在层中创建。关键帧动画包含两种类型的层：绝对层和调整（相对）层。

● 绝对层：用于创建新动画。标准动画控制器存储所有变换的方式与设置其他对象的动画时的变换存储方式相同。

● 调整层：用于调整现有动画。调整层中的关键帧会偏移堆栈中位于这些关键帧之下的现有层，其中包括 CATMotion。

2. 创建绝对层

3ds Max 要求在绝对层中创建新动画。绝对层包括 CATMotion 和绝对（关键帧动画）层，以及加载到绝对层中的所导入的运动数据。因此，在开始设置动画之前，需要一个绝对层，以便在其中创建动画。

其创建方法为：选择 CATRig 中的任意部分，在【运动】面板中打开【层管理器】卷展栏，然后单击并按住【添加层】按钮 ，从弹出菜单中选择第二个【添加层】按钮 ，即可添加绝对层，如图 7-50 所示。

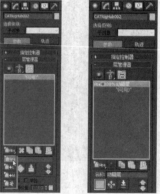
图 7-50 创建绝对层

3. 设置与编辑动画

要设置动画需要使用到调整层。

使用调整层可在层管理器中以非破坏性方式编辑现有动画。调整层可影响的动画包括 CATMotion、绝对关键帧动画、运动捕捉数据，甚至其他调整层。

CAT 提供两种类型的调整层：局部和世界。局部调整层用于相对于装备偏移装备元素（如倾斜头部）。世界调整层用于在运动捕捉序列中偏移 IK 目标（如脚）。

动手操作　创建调整层

1 选择装备的任意部分，单击【模式】按钮切换到动画模式。

2 在【运动】面板中打开【层管理器】卷展栏，然后单击并按住【添加层】按钮，并从弹出菜单中选择【添加局部调整层】按钮，此时调整层处于活动状态，且权重为 100%，这表示可以立即开始调整动画，如图 7-51 所示。

3 如果要创建世界调整层，可以单击并按住【添加层】按钮，从弹出菜单中选择【添加世界调整层】按钮，如图 7-52 所示。

图 7-51　添加局部调整层

图 7-52　添加世界调整层

7.5.3　使用 CATMotion

CATMotion 是 CAT 的程序运动循环生成系统。使用 CATMotion 可以创建与装备的速度和方向相适应的运动循环而不会出现滑动足迹。

1. 关于 CATMotion

CATMotion 为基本的运动循环创建过程提供了一种"原地行走"模式，可以通过将装备链接到路径节点（通常是虚拟对象或点对象）来围绕场景移动装备，并按照 3ds Max 中的常规方式制作动画。

CATMotion 的工作方式是将装备的运动分解为各个组件部分或控制器。例如，骨盆的运动循环具有 8 个不同控制器，其中包括"扭曲"、"旋转"、"抬起"和"推力"。每个组件可以通过参数进行控制，可以为所有参数制作动画，并为参数指定任何类型的标准动画控制器。

CATMotion 层次反映了装备的结构。CAT 具有 5 个基本装备元素（腿、手臂、脊椎、尾部、附加骨骼），它们定义了 CATMotion 中的可用控件。CATMotion 只会为定义为腿部的肢体生成足迹，足迹不适用于手臂。因此，在开始构建装备之前应认真思考角色的运动方式，以便在制作动画时获得全部所需控件。

2. CATMotion 编辑器

选择一个 CATRig 部位，然后通过【运动】面板的【层管理器】卷展栏添加一个 CATMotion 层，再单击【CATMotion 编辑器】按钮，即可打开 CATMotion 编辑器，如图 7-53 所示。

CATMotion 编辑器对话框包含两个面板：左侧是 CATRig 层次，它反映了装备的结构并包含 CATMotion 控制器，右侧是针对当前层次中高亮显示的项目的面板。

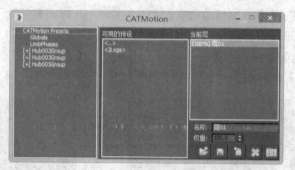

图 7-53　打开【CATMotion 编辑器】

　　　CATMotion 编辑器针对场景中的每个装备都有一个单独的编辑器窗口。对于场景中的每个 CATRig 都可以打开一个单独的窗口，并且可以随时编辑设置而不必重新选择装备。这在处理多个绑定时非常方便。

3. 使用预设层

CATMotion 预设包含特定运动循环的所有 CATMotion 控制器的设置。这些数据包含在 CATMotion 层中，该层不同于【层管理器】卷展栏中的动画层。

简单来说，在添加了 CATMotion 层后，装备已经被自动设置了预设的动画，动画当中特定运动循环的数据包含在 CATMotion 层中。如图 7-54 所示为添加 CATMotion 层后，原来静止的 CATRig 装备应用了预设的跑步动画。

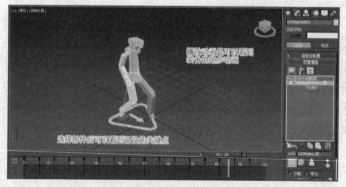

图 7-54　添加 CATMotion 层后可以播放动画

应用示例：加载 CATMotion 预设取代现有层。

其方法为：如果希望用所加载的预设取代现有层，在【当前层】列表中高亮显示要取代的层，然后在 CATMotion 编辑器的【可用的预设】列表中，导航到要加载的预设并双击其名称，接着选择是要创建一个新层还是要用新层替换现有（高亮显示的）层即可，如图 7-55 所示。更改预设取代现有层后，原来 CATRig 装备的跑步姿势改变了，如图 7-56 所示。

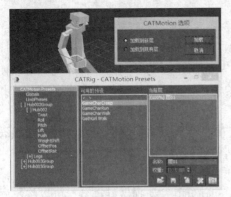

图 7-55　加载 CATMotion 预设　　　　图 7-56　CATRig 装备的跑步姿势改变了

【CATMotion】对话框的说明如下：

● 全局：【全局】面板包含针对当前 CATMotion 层的主设置，如图 7-57 所示。

● 肢体相位：【肢体相位】面板提供 CATMotion 中手臂和腿部运动的全局设置，如图 7-58 所示。

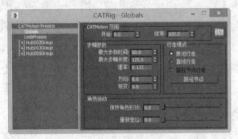

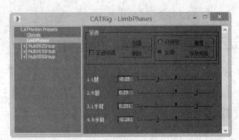

图 7-57　【全局】面板　　　　　　　　图 7-58　【肢体相位】面板

● CATMotion 控制器：在应用全局和肢体相位控件之后，装备在层次上细分到不同的连接部组中。每个连接部组及其子对象均分配有一系列控制器，通常以图形表示，用户可用于编辑动作循环。在这些控制器中，多数会在所有区域中重复出现，而部分则为某个特定区域专用，如图 7-59 所示。

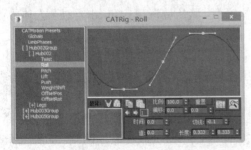

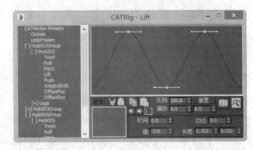

图 7-59　CATMotion 控制器

7.6　角色动画——character studio

character studio 是提供全套角色动画制作工具的一组组件。使用 character studio 可以为两足角色（称为 Biped）创建骨骼层次，针对这些角色可以通过各种方法制作动画效果。

7.6.1　关于 character studio

　　3ds Max 中的 character studio 功能集提供设置 3D 角色动画的专业工具。这是能够快速而轻松地构建骨骼（也称为角色装备），设置其动画，从而创建运动序列的一种环境。可以使用动画效果的骨骼来驱动几何的运动，以此创建虚拟的角色，也可以生成这些角色的群组，并使用代理系统和程序行为设置群组运动的动画。

　　character studio 提供独一无二的足迹动画，根据重心、平衡性和其他因素自动创建移动过程。它还提供了多种工具，用于通过 Biped 骨骼或其他任何类型的链接层来为角色蒙皮。

　　character studio 包含三个组件：

- Biped：构建骨骼框架并使之具有动画效果，为制作角色动画做好准备。可以将不同的动画合并成按序排列或重叠的运动脚本，或将它们分层。也可以使用 Biped 来编辑运动捕获文件。
- Physique：使用 Biped 框架来制作实际角色网格的动画，模拟与基础骨架运动一起时，网格如何屈曲和膨胀。
- 群组：通过使用代理系统和行为制作三维对象和角色组的动画。可以使用高度复杂的行为来创建群组。

7.6.2　使用 Biped 创建角色

　　Biped 是一个 3ds Max 组件，可以从【创建】面板访问。在创建 Biped 后，可以使用【运动】面板中的【Biped 控制】设置动画。通过 Biped 提供的工具，可以设计角色的体形和运动并设置其动画。

　　1．了解 Biped

　　如同链接的层次创建的一样，使用 Biped 模块创建的 Biped 骨骼，用来作为动画的双腿形体。Biped 骨骼具有即时动画的特性。

　　创建 Biped 动画的主要方法有两种：足迹方法和自由形式方法。每种方法都有其优点。可以在两种方法之间转换动画，也可以组合在一个动画中。

　　Biped 属性说明如下：

- 人体构造：连接 Biped 上的关节以仿效人体解剖。默认情况下，Biped 类似于人体骨骼，具有稳定的反向运动层次。该属性表示，在移动手和脚时，相应的肘或膝也会随之进行定向，从而形成自然的人体姿势。
- 可定制非人体结构：Biped 骨骼很容易被用在四腿动物或者一个自然前倾的动物身上，如恐龙。
- 自然旋转：旋转 Biped 的脊椎时，手臂维持其与地面的相应角度，而不像是将手臂与肩膀合在了一起。例如，Biped 保持站立姿势时，手臂会垂在它的两侧。向前旋转脊椎时，手指会接触地面，而非指向其身后。手保持在此位置会显得比较自然，这样会提高 Biped 关键帧的处理速度。
- 设计足迹：Biped 骨骼专用于 character studio 足迹动画，可以帮助解决将脚锁定在地面的常见动画问题。步进动画也提供了快速勾画出动画的简易方法。

　　2．创建 Biped

　　在【创建】面板上，单击【系统】按钮▓，然后在【对象类型】卷展栏上单击【Biped】

按钮，再选择创建方法，如图 7-60 所示。在视口中的任意几何体上移动光标将 Biped 拖出即可，如图 7-61 所示。

3. 重心对象

Biped 几何体是对象的一个链接层次，类似于人类体形。Biped 的父对象或者根对象是其重心（COM）。该对象在靠近 Biped 的骨盆中心处，显示为蓝色的八面体，如图 7-62 所示。移动 COM 将重新定位整个 Biped。

图 7-60　准备创建 Biped

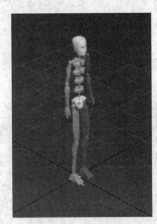

图 7-61　拖出 Biped

图 7-62　重心对象

7.6.3　调整角色的姿势

创建完默认的角色后，可以使用"体形模式"来更改骨骼的比例，以便适合模型。

1. 体型模式

在"体形模式"下，可以执行下列操作：

（1）指定 Biped 每个部位中的链接数。

（2）定义手指、脚趾、触角、脊椎、尾部和马尾辫相对于身体的基本位置和比例。

（3）定义足部相对于脚踝的位置。

（4）在对其应用动画之前定义 Biped 的默认姿势。

（5）缩放 Biped 及其各个部位。

（6）使用橡皮圈模式缩放和定位 Biped 的部位。

（7）使用"三角形骨盆"创建 Physique 的自然链接。

（8）使用前臂链接将扭曲动画转移到与 Biped 关联的模型。

动手操作　调整手臂的姿势

1 打开素材库中的"..\Example\Ch07\7.6.3.max"练习文件，选择 Biped 的部件或者重心对象，然后打开【运动】面板并单击【体形模式】按钮，如图 7-63 所示。

2 选择 Biped 的手臂对象，然后在【轨迹选择】卷展栏上单击【对称】按钮，以选择两个手臂，如图 7-64 所示。

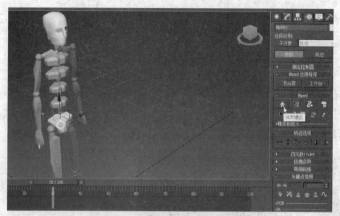

图 7-63　启用"体形模式"

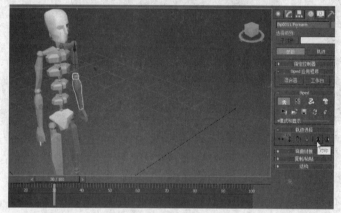

图 7-64　选择到两个手臂

3 在主工具栏上单击【选择并移动】按钮，然后沿着 Y 轴移动手臂，接着沿着 Z 轴向上移动手臂，如图 7-65 所示。

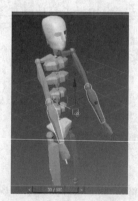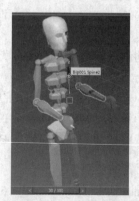

图 7-65　同时移动两个手臂

4 选择角色的其中一个手臂，然后使用【选择并移动】工具沿着 Z 轴向上移动该手臂，如图 7-66 所示。

5 选择角色的另外一个手臂，使用【选择并移动】工具沿着 Y 轴向后移动该手臂，以调整角色手臂在摆动瞬间的姿势，如图 7-67 所示。

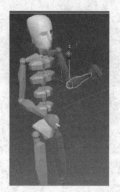
图 7-66 移动其中一个手臂

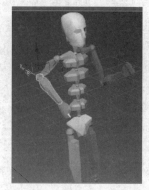
图 7-67 移动另外一个手臂

2. 用橡皮圈移动手臂和腿部

"橡皮圈"模式提供了一种同时按比例调整手臂和腿部链接的方法。"橡皮圈"模式是与"移动"变形而不是"缩放"变形结合使用的。如果在打开"橡皮圈"模式的情况下移动手臂或腿部，则通过一个步骤即可同时缩放链接及其子链接。

动手操作 用橡皮圈移动手臂和腿部

1 在【运动】面板的【Biped】卷展栏上按下【体形模式】按钮 🔲，然后选择要用橡皮圈绑定的手臂或腿部链接。

2 选择【选择并移动】工具 💠，在【Biped】卷展栏的【模式】组中单击【橡皮圈模式】按钮 🔲，接着移动选定的手臂或腿部链接，如图 7-68 所示。随着手臂或腿部链接的移动，定位膝盖或肘部时，双手和双脚保持不动。

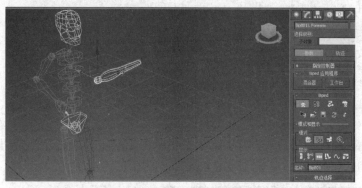
图 7-68 用橡皮圈移动手臂

7.6.4 创建与编辑足迹运动

1. 关于足迹

足迹动画是两足动物的核心组成工具，也是 Biped 的子对象。在视口中，足迹看上去就像经常用来解释交际舞的图表。在场景中，每一足迹的位置和方向控制 Biped 步幅的位置。

使用足迹语言可以更直接地描述和编排复杂的时空关系，这体现在不同形式的移动过程中。当在视口中出现足迹的位置时，计时将出现在【轨迹视图－摄影表】编辑器中。每一足迹都以时间块的形式出现，每一块代表脚踩踏在足迹中的时间，如图 7-69 所示。

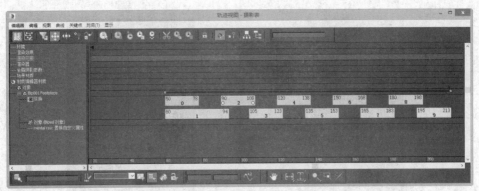

图 7-69　轨迹视图中的足迹关键点

　足迹适用于 Biped 位于地面上或需要使用大量场地的动画中, 如行走、站立、跳跃、奔跑、跳舞和运动动作。对于不需要 Biped 接触地面的移动 (如游泳和飞翔), 自由形式的动画比较适合 (详见后文)。

2. 足迹方法

在视口中, 足迹代表 Biped 脚部在空间中的支撑周期, 可以在视口中移动和旋转足迹。在轨迹视图中, 每一足迹显示为一块, 代表 Biped 的脚部在时间上的支撑周期。在轨迹试图中, 可以适时地移动足迹。在视口中, 足迹的位置和方向控制 Biped 步幅的位置。

对于 Biped, 有三种创建足迹的方法:

方法 1　分别放置足迹。

方法 2　使用足迹工具自动创建行走、奔跑或跳跃动画。

方法 3　向足迹导入运动捕获数据。

动手操作　创建人体走路动画

1 打开素材库中的 "..\Example\Ch07\7.6.4.max" 练习文件, 选择 Biped 并打开【运动】面板, 在【Biped】卷展栏中单击【足迹模式】按钮, 接着在【足迹创建】卷展栏中选择步态, 本例单击【行走】按钮, 如图 7-70 所示。

2 在【运动】面板的【足迹创建】卷展栏中单击【创建多个足迹】按钮, 打开对话框后设置常规和计时选项, 然后单击【确定】按钮, 如图 7-71 所示。

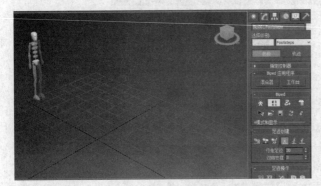

图 7-70　启用足迹模式并设置行走步态

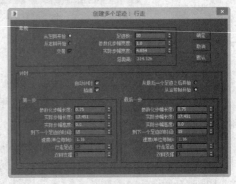

图 7-71　创建多个足迹

3 单击主工具栏的【曲线编辑器】按钮，选择【编辑器】|【摄影表】命令切换到【摄影表】模式，然后在【层次】面板选择足迹对象，按住足迹轨道上最后一个关键点并向右移动，以增大范围减慢人体行走的速度，如图 7-72 所示。

图 7-72　通过轨迹视图编辑足迹

4 关闭【轨迹视图】，可以根据需要在视口中移动或旋转足迹。当需要测试行走效果时，可以在【运动】面板中的【足迹操作】卷展栏中单击【为非运动足迹创建关键点】按钮以激活足迹，如图 7-73 所示。

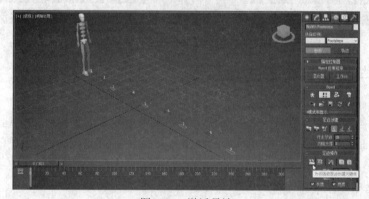

图 7-73　激活足迹

5 激活足迹后，现在 Biped 将使用设置的位置和计时，通过足迹移动。此时可以单击【播放】按钮，播放行走的动画，如图 7-74 所示。

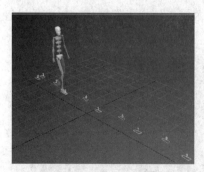 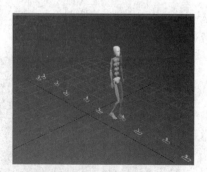

图 7-74　播放行走的动画

3. 足迹间的自由形式动画

对某些类型的动画而言，需要暂停重力对两足动物影响的计算。例如，让一个 Biped 先跑动、跳进水池然后再爬出水池，那么需要为动画的跑动和爬起部分创建足迹，而游泳部分则不需要。当激活足迹后，两足动物在游泳周期中会变成悬空状态，也就是在跑动和爬起足迹间高高跳起到空中。

为了实现在悬空周期中暂停重力，可以在动画中创建自由形式周期。在自由形式周期中，能够以自由形式模式制作 Biped 动画，这种模式包括在场景中的任何位置定位 Biped 而不用考虑悬空周期的长度。【轨迹视图–摄影表】编辑器用于在足迹间插入自由形式周期。

其创建方法为：创建至少含有一个悬空周期的足迹动画，然后激活足迹，打开【轨迹视图】并切换到【摄影表】模式。鼠标右键单击足迹关键点显示区域，打开【足迹模式】对话框，选择【编辑自由形式（无物理变化）】单选项，如图 7-75 所示。

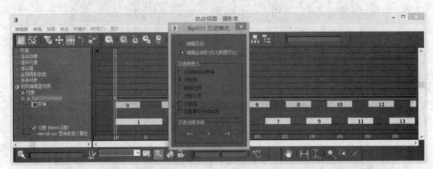

图 7-75　选择【编辑自由形式（无物理变化）】模式

7.6.5　创建与编辑自由形式动画

当 character studio 基于足迹驱动技术计算垂直动力和重力时，角色不必始终受到这些严格的控制。可以让角色飞翔、游泳或者做在现实世界中不可能做的事情。对于这些情况，Biped 动画支持一套全面的自由形式动画控件，允许充分发挥创造性，完全控制角色的姿势、移动和计时。

1. 创建完全自由形式的动画

创建 Biped，再将时间滑块拖动到任意给定帧，然后执行下列操作之一：

（1）启用"自动关键点"模式，然后移动或旋转任何 Biped 组件。此操作将设置该组件的关键点。

（2）摆好 Biped 任一部位的姿势，然后在【关键点信息】卷展栏中单击【设置关键点】按钮，如图 7-76 所示。

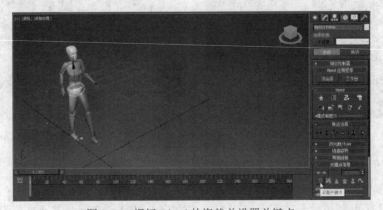

图 7-76　摆好 Biped 的姿势并设置关键点

（3）摆好手部和脚部的姿势，然后在【关键点信息】卷展栏中单击【设置踩踏关键点】按钮，如图 7-77 所示。这将创建使手和脚置入空间的关键点。

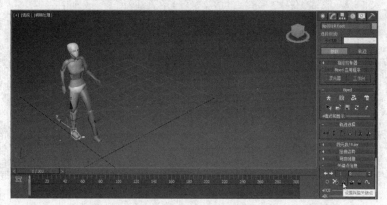

图 7-77　设置踩踏关键点

2．从足迹动画创建自由形式动画

选择要将其足迹动画转换为自由形式动画的 Biped，然后在【运动】面板【Biped】卷展栏上，单击【转化】按钮，接着在【转化为自由形式】对话框中单击【确定】按钮即可。

3．复制和粘贴姿势和姿态

【运动】面板上的【复制/粘贴】卷展栏提供复制和粘贴两足动物姿势、姿态与轨迹的控件。姿势是任何选定 Biped 对象的旋转和位置。姿态是某特定 Biped 中所有对象的旋转和位置。轨迹是任何选定 Biped 部位的动画。

其方法为：选择一组定义要复制的 Biped 姿态部位的 Biped 部位，在【复制/粘贴】卷展栏上单击【创建集合】按钮，如图 7-78 所示。单击【姿态】按钮，然后单击【复制姿态】按钮。缩略图显示在【复制的姿态】下拉列表下面的图像窗口中，如图 7-79 所示。

图 7-78　创建集合

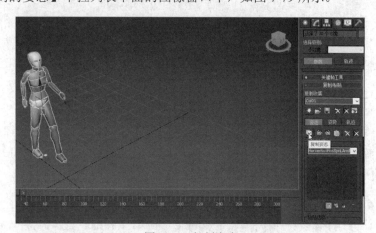

图 7-79　复制姿态

如果要复制姿势，可以单击【姿势】按钮，再单击【复制姿势】按钮，如图 7-80 所示。

如果想要粘贴姿势，可以从【复制的姿势】下拉列表中选择要复制的姿势，选择要粘贴到其中的 Biped，或移动到同一 Biped 的其他帧，然后单击【粘贴姿势】按钮即可，如图 7-81 所示。

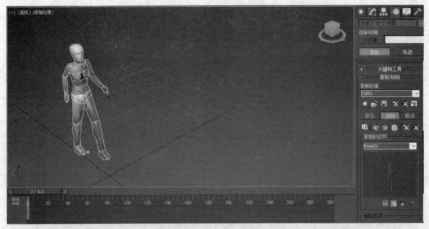

图 7-80　复制姿势

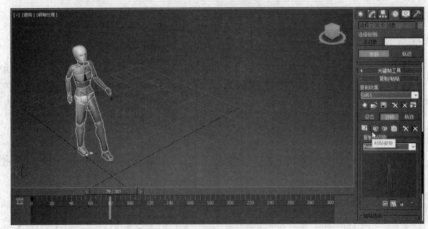

图 7-81　粘贴姿势

7.7　技能训练

下面通过多个上机练习实例，巩固所学技能。

7.7.1　上机练习 1：创建并制作骨骼动画

本例将使用【骨骼】工具在场景中创建骨骼对象，并使此骨骼构成一个数字"4"的形状，然后启用"自动关键点"模式，在不同帧数上调整骨骼的位置和大小，使之变成一个数字"5"的形状，最后播放动画查看变化效果。

操作步骤

1 打开素材库中的"..\Example\Ch07\7.7.1.max"练习文件，打开【创建】面板并单击【系统】按钮，然后单击【骨骼】按钮，在【IK 链指定】卷展栏中设置 IK 解算器，在视口中单击并拖动鼠标创建第一段骨骼，如图 7-82 所示。

2 拖动并单击鼠标创建其他段骨骼，然后单击鼠标右键结束创建的操作，效果如图 7-83 所示。

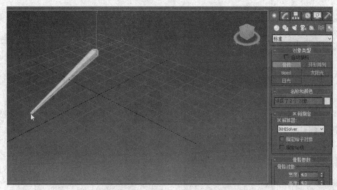

图 7-82　创建第一段骨骼

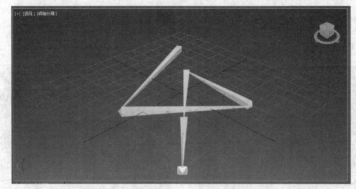

图 7-83　创建完整个骨骼对象

3 调整为【上】视图，启用"自动关键点"模式，然后将时间滑块移到第 20 帧上，选择【Bone002】对象并移动位置，如图 7-84 所示。

4 将时间滑块移到第 40 帧上，然后选择【Bone003】对象并使用【选择并移动】工具调整其位置，如图 7-85 所示。

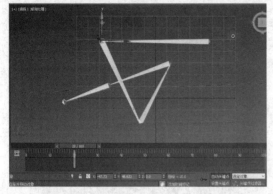

图 7-84　设置第 20 帧处骨骼的姿态

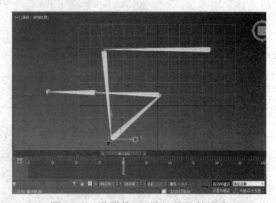

图 7-85　设置第 40 帧处骨骼的姿态

5 将时间滑块移到第 60 帧上，然后选择【Bone004】对象并同样调整其位置，如图 7-86 所示。

6 将时间滑块移到第 80 帧上，再缩小视图显示，然后使用【选择并移动】工具调整【Bone005】对象的位置，如图 7-87 所示。

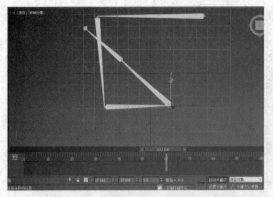
图 7-86 设置第 60 帧处骨骼的姿态

图 7-87 设置第 80 帧处骨骼的姿态

7 将时间滑块移到第 100 帧上，选择【Bone006】对象并调整其位置，然后选择【Bone005】对象并增大，如图 7-88 所示。

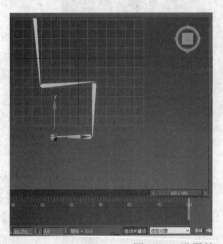
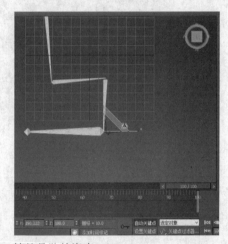
图 7-88 设置第 100 帧处骨骼的姿态

8 使用相同的方法，选择【Bone001】对象并缩小，然后调整场景的视图，再单击【播放动画】按钮▷，查看动画效果，如图 7-89 所示。

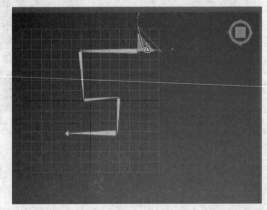
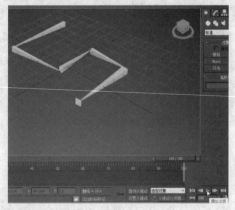
图 7-89 缩小第一个段骨骼并查看效果

7.7.2　上机练习 2：应用样条线 IK 解算器

样条线 IK 解算器使用样条线确定一组骨骼或其他链接对象的曲率。本例将应用样条线 IK 解算器使原来无规则姿态的骨骼依照样条线形态处置，以达到预定骨骼姿态的目的。

操作步骤

1 打开素材库中的 "..\Example\Ch07\7.7.2.max" 练习文件，打开【创建】面板并单击【系统】按钮，然后单击【骨骼】按钮，在【IK 链指定】卷展栏中设置 IK 解算器，接着在视口中单击并拖动鼠标创建骨骼，如图 7-90 所示。

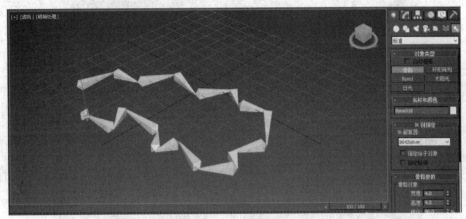

图 7-90　创建骨骼

2 在【创建】面板中单击【图形】按钮，单击【线】按钮，然后在【创建方法】卷展栏中选择【平滑】选项，接着在视口中单击鼠标并拖动以创建一条弯曲的样条线，如图 7-91 所示。

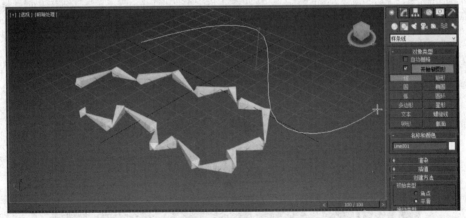

图 7-91　创建样条线

3 选择解算器开始位置的骨骼或对象，然后选择【动画】|【IK 解算器】|【样条线 IK 解算器】命令，在视口中将光标移动到希望链结束的骨骼处并单击该骨骼，如图 7-92 所示。

4 将光标移动到样条线并单击选择样条线，如图 7-93 所示。

图 7-92　应用样条线 IK 解算器

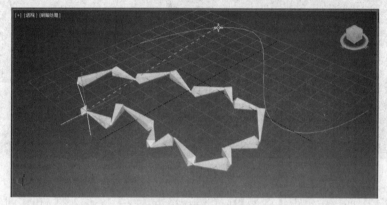

图 7-93　选择样条线

5 选择样条线后，骨骼结构跳转至样条线并使用样条线的形状，在样条线的每个顶点上创建一个辅助对象。路径约束自动指定给根骨骼，将其约束到位于样条线末端的辅助对象或顶点，如图 7-94 所示。

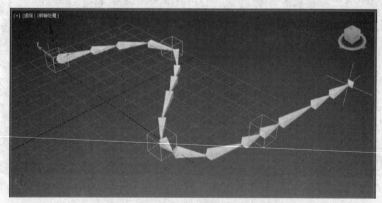

图 7-94　应用样条线 IK 解算器的效果

7.7.3　上机练习 3：使用【填充】创建流动画

使用【填充】工具集可轻松、快速地向场景中添加设置动画的角色。这些角色可以沿着路径或流行走，也可以在空闲区域内闲逛或者坐在座位上。本例将使用【填充】工具集制作人群沿着流行走的动画,在动画过程中,人越来越多且行走速度越来越快。

操作步骤

1 新建一个场景,缩小【透视】视口,使栅格相对较小,其目的是避免采用默认大小时,填充流相对较大,如图 7-95 所示。

图 7-95 缩小【透视】视口

2 打开功能区中的【填充】选项卡,单击【创建流】按钮,然后在视口中单击以启动人行道,再移动鼠标并再次单击完成第一个流段,接着单击鼠标右键完成创建流操作,如图 7-96 所示。

图 7-96 创建流

3 打开【修改】面板,然后在【流】卷展栏中设置方向为【向前】,如图 7-97 所示。

4 在【动画控件】面板中单击【时间配置】按钮,打开【时间配置】对话框后,设置帧数为 600,然后单击【确定】按钮,如图 7-98 所示。

图 7-97 设置流的方向

图 7-98 设置动画帧数

5 在功能区中打开【填充】选项卡，在【模拟】面板中输入帧数为 600，如图 7-99 所示。

图 7-99　设置流模拟的帧数

6 单击视口下方的【自动关键点】按钮，将时间滑块移到第 0 帧上，再将【流】卷展栏【入口】组的【密度】滑块拖到左侧、【速度】滑块也拖到偏左侧，如图 7-100 所示。

图 7-100　启用"自动关键点"模式并设置密度和速度参数

7 将时间滑块拖到第 599 帧上，分别将【密度】和【速度】滑块拖到右侧，单击【自动关键点】按钮停用"自动关键点"模式，如图 7-101 所示。

图 7-101　设置第 599 帧上流的密度和速度参数

8 在【填充】选项卡的【模拟】面板上单击【模拟】按钮，模拟计算时，3ds Max 将显示进度条，如图 7-102 所示。

图 7-102　执行模拟流动画

9 模拟完成后单击【播放动画】按钮 ▶，播放流动画以查看效果，如图 7-103 所示。

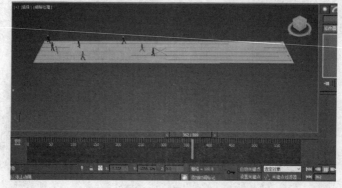

图 7-103　播放流动画以查看效果

7.7.4　上机练习 4：制作简单的功夫角色动画

本例将使用 CAT 角色设置动画系统，创建一个人物角色练功的动画。在本例中，首先创建预设的【Base Human】的 CATRig 装备，然后创建绝对层和局部调整层并切换到动画模式，再通过"自动关键点"模式在不同帧上设置角色的姿势，最后停用"自动关键点"模式并播放动画检查效果。

操作步骤

1 新建一个场景，打开【创建】面板，单击【辅助对象】按钮，在下方列表框中选择【CAT 父对象】，通过【CATRig 加载保存】卷展栏选择【Base Human】选项，在视口中拖动鼠标创建 CATRig 装备，如图 7-104 所示。

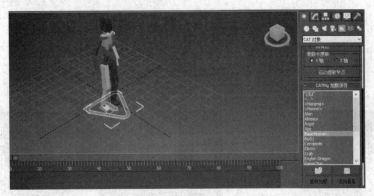

图 7-104　创建 CATRig 装备

2 在【运动】面板中打开【层管理器】卷展栏，然后单击并按住【添加层】按钮，从弹出菜单中选择第二个【添加层】按钮，再次单击并按住【添加层】按钮，从弹出菜单中选择【添加局部调整层】按钮，如图 7-105 所示。

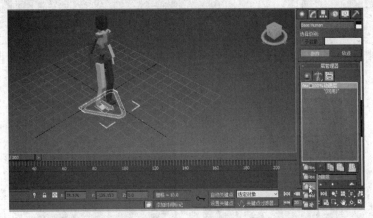

图 7-105　添加绝对层和局部调整图层

3 在【动画控件】面板中单击【时间配置】按钮，打开【时间配置】对话框后，设置动画结束时间为 200，单击【确定】按钮，如图 7-106 所示。

4 返回【运动】面板中，在【层管理器】卷展栏中单击【模式】按钮切换到动画模式，然后单击【自动关键点】按钮开启"自动关键点"模式，如图 7-107 所示。

图 7-106　配置动画时间

图 7-107　切换动画模式和开启自动关键点

5 将时间滑块移到第 10 帧上，然后使用【选择并移动】工具 将角色中的两个脚板对象向外移动，如图 7-108 所示。

6 将时间滑块移到第 20 帧上，然后适当向下移动骨盆对象，再调整角色双手的姿势，如图 7-109 所示。

图 7-108　设置第 10 帧上双脚的位置　　　　图 7-109　设置第 20 帧上角色的姿势

7 将时间滑块移到第 40 帧上，然后移动角色右手对象的位置，再适当旋转右手手掌，如图 7-110 所示。

图 7-110　设置第 40 帧上角色的姿势

8 将时间滑块移到第 60 帧上，再分别调整角色双手的位置，然后适当旋转左手手掌对象，如图 7-111 所示。

图 7-111　设置第 60 帧上角色的姿势

9 使用上述步骤相同的方法，分别设置在第 80 帧、100 帧、120 帧、140 帧、160 帧、180 帧和 200 帧上角色的姿势，以构成角色在连续进行功夫动作的动画，如图 7-112 所示。最后停用"自动关键点"模式即可。

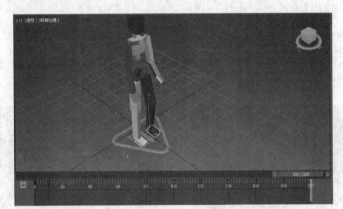

图 7-112　设置其他帧上的角色姿势

7.8　评测习题

1. 填充题

（1）在制作动画时，可以将一个对象与另一个对象相链接，创建父子关系，以将对象链接在一起形成链的功能，链也称为_____。

（2）_____是一种位置约束，它将一个对象的位置附着到另一个对象的面上（目标对象不用必须是网格，但必须能够转化为网格）。

（3）_____是一个线框立方体，轴点位于其几何体中心，它有名称但没有参数，不可以修改和渲染。

（4）使用_____可以为两足角色（称为 Biped）创建骨骼层次，针对这些角色可以通过各种方法制作动画效果。

2. 选择题

（1）以下哪种约束可以使对象继承目标对象的位置、旋转度以及比例？ （ ）

    A．曲面约束   B．注视约束   C．方向约束   D．链接约束

（2）3ds Max 附带了 4 种不同的 IK 解算器，其中不包括以下哪种解算器？ （ ）

    A．HD（历史依赖型）   B．HI（历史独立型）

    C．样条线 IK   D．交互式 IK

（3）CAT 采用基于层的动画系统，关键帧动画包含以下哪两种类型的层？ （ ）

    A．相对层和调整层   B．绝对层和调整层

    C．延伸层和绝对层   D．世界层和用户层

3. 判断题

（1）足迹动画是两足动物的核心组成工具，也是 Biped 的子对象。在视口中，足迹看上去就像经常用来解释交际舞的图表。 （ ）

（2）反向运动学（IK）使用自上而下方法，可以用来定位目标对象，并且 3ds Max 计算链末端的位置和方向。 （ ）

（3）CATMotion 是 CAT 的程序运动循环生成系统，使用 CATMotion 可以创建与装备的速度和方向相适应的运动循环而不会出现滑动足迹。 （ ）

4. 操作题

先使用 CAT 系统创建预设的【Lizard】装备，然后使用 CATMotion 编辑器制作【Lizard】装备爬行的动画，并将动画保存成剪辑，效果如图 7-113 所示。

图 7-113　制作【Lizard】爬行动画的效果

操作提示

（1）打开素材库中的 "..\Example\Ch07\7.8.max" 练习文件，在【创建】面板中单击【辅助对象】按钮，再打开顶部的列表框并选择【CAT 对象】命令。

（2）打开【对象类型】卷展栏，单击【CAT 父对象】按钮，然后在【CATRig 加载保存】卷展栏的列表框中选择预设的【Lizard】装备。

（3）在视口中单击并拖动，以将预设添加到场景中。

（4）通过【运动】面板的【层管理器】卷展栏添加一个 CATMotion 层。

（5）在【层管理器】卷展栏中单击【模式】按钮切换到动画模式。

（6）在【剪辑管理器】卷展栏中单击【保存动画剪辑】按钮，然后输入文件名称为【Lizard】，再单击【保存】按钮即可。

第 8 章　灯光、材质和渲染的应用

学习目标

本章将介绍在 3ds Max 中创建与使用灯光设置场景明暗效果、使用材质和贴图设计真实模型效果及应用渲染将设计输出的方法。

学习重点

- ☑ 创建和使用灯光
- ☑ 使用太阳光和日光系统
- ☑ 应用材质和设置贴图
- ☑ 渲染图像或动画
- ☑ 使用批处理渲染工具

8.1　灯光与照明处理

3ds Max 可以为场景添加灯光，以模拟真实世界中不同种类的光源。灯光对象可以照亮场景中的其他对象，可以用于处理明暗效果。

8.1.1　关于灯光

灯光是模拟实际灯光（如家庭或办公室的灯、舞台和电影工作中的照明设备以及太阳本身）的对象。不同种类的灯光对象用不同的方法投影灯光，模拟真实世界中不同种类的光源。

当场景中没有灯光时，使用默认的照明着色或渲染场景。当添加灯光后，可以使场景的外观更逼真，增强了场景的清晰度和三维效果。除了获得常规的照明效果之外，灯光还可以用作投影图像。

1. 默认的照明

灯光对象替换默认的照明。一旦创建了一个灯光，那么默认的照明就会被禁用。如果在场景中删除所有的灯光，则重新启用默认照明。默认照明由两个不可见的灯光组成：一个位于场景上方偏左的位置，另一个位于下方偏右的位置。

照亮场景时开始工作的一种方式是使用命令【添加默认灯光到场景】将默认照明转化为灯光对象，如图 8-1 所示。

2. 灯光类型

3ds Max 提供了两种类型的灯光：光度学灯光和标准灯光。这些类型在视口中都显示为灯光对象，它们共享相同的参数，包括阴影生成器。

（1）光度学灯光

光度学灯光使用光度学（光能）值，通过这些值可以更精确地定义灯光，就像在真实世界一样，如图 8-2 所示。可以设置它们分布、强度、色温和其他真实世界灯光的特性，也可以导入照明制造商的特定光度学文件以便设计基于商用灯光的照明。

图 8-1　添加默认灯光到场景

（2）标准灯光

标准灯光是基于计算机的对象，其模拟灯光（如家用或办公室灯，舞台和电影工作时使用的灯光设备）及太阳光本身，如图 8-3 所示。不同种类的灯光对象可用不同的方法投影灯光，模拟不同种类的光源。与光度学灯光不同，标准灯光不具有基于物理的强度值。

图 8-2　通过光度学灯光创建逼真照明的建筑场景　　图 8-3　使用标准灯光处理要烘托气氛的夜间场景

8.1.2　创建与使用灯光

1．创建灯光

在【创建】面板上，单击【灯光】按钮，然后从下拉列表中选择【光度学】或【标准】选项，如图 8-4 所示。在【对象类型】卷展栏中，单击要创建的灯光类型，再单击视口即可创建灯光，如图 8-5 所示。该步因灯光类型的不同稍有差异。例如，如果灯光具有一个目标，则拖动并单击可设置目标的位置。

图 8-4　选择灯光类型　　　　　　　　　　图 8-5　创建灯光

2．创建阴影

在【常规参数】卷展栏中，确保选中【阴影】组中的【启用】复选框，然后调整在【阴影参数】卷展栏和其他（阴影贴图、高级光线跟踪、区域阴影或光线跟踪阴影）阴影参数，如图 8-6 所示。鼠标右键单击灯光，然后从四元菜单的【工具 1】区域中选择【投射阴影】命令，如图 8-7 所示。

图 8-6　启用阴影并设置参数　　　　　　　图 8-7　投射阴影

问：为什么在视口中看不到投射的阴影？

答：仅当在完全渲染中渲染、在视口中渲染或通过 ActiveShade 渲染时，阴影才可见。

另外提示：要启用或禁用多个对象的阴影，则选择灯光，然后使用灯光列表。

3．重要灯光属性

● 强度：初始点的灯光强度影响灯光照亮对象的亮度，如图 8-8 所示。投影在明亮颜色对象上的暗光只显示暗的颜色。

图 8-8　不同灯光强度的效果对比

● 入射角：曲面与光源倾斜的越多，曲面接收到的光越少并且看上去越暗。曲面法线相对于光源的角度称为入射角。当入射角为 0 度（也就是说，光源与曲面垂直）时，曲面由光源的全部强度照亮。随着入射角的增加，照明的强度减小。

● 衰减：在现实世界中，灯光的强度将随着距离的加长而减弱。远离光源的对象看起来更暗；距离光源较近的对象看起来更亮。这种效果称为衰减，如图 8-9 所示。

● 反射光和环境光：对象反射光可以照亮其他对象。曲面反射光越多，用于照明其环境中其他对象的光也越多。反射光创建环境光。环境光具有均匀的强度，并且属于均质漫反射，它不具有可辨别的光源和方向。如图 8-10 所示为反射光与环境光的示意图。

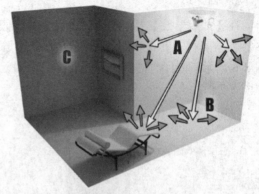

图 8-9　反向衰减与平方反比衰减（图形显示衰减曲线）　　图 8-10　A 为平行光；B 为反射光；C 为导致环境光

- 颜色和灯光：灯光的颜色部分依赖于生成该灯光的过程。例如，钨灯投影橘黄色的灯光，水银蒸汽灯投影冷色的浅蓝色灯光，太阳光为浅黄色。灯光颜色也依赖于灯光通过的介质。例如，大气中的云染为天蓝色，脏玻璃可以将灯光染为浓烈的饱和色彩。灯光颜色为加性色，灯光的主要颜色为红色、绿色和蓝色（RGB）。

8.1.3　定位灯光对象

在场景中放置了灯光时，可以使用变换来更改灯光的位置和方向。

1. 变换灯光

- 移动：使用【选择并移动】工具 更改灯光的位置，如图 8-11 所示。也可以用该工具更改灯光目标的位置。

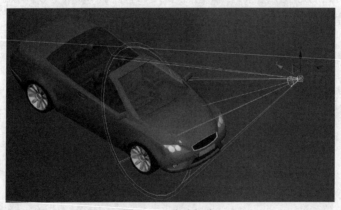

图 8-11　移动灯光

- 旋转：使用【选择并旋转】工具 更改灯光的方向，如图 8-12 所示。旋转以球形分布的普通泛光灯或光度学灯对这些灯光在各个方向上均匀地投射灯光没有任何影响。但是，旋转泛光灯或具有投影的球形灯光会导致投影图像旋转。
- 缩放：缩放点、线或区域灯光时没有任何效果。将缩放与聚光灯和平行光一起使用可以更改光束的大小和衰减范围。缩放泛光灯只能更改衰减范围。缩放光度学灯光可以更改其衰减速率。

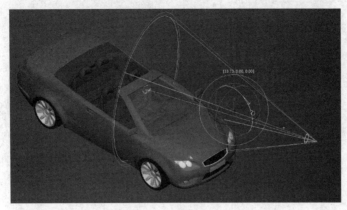

图 8-12 旋转灯光

2. 放置灯光

可以使用【放置高光】定位灯光，以便在对象的指定点上创建反射高光。【放置高光】是主工具栏上【对齐】弹出按钮上其中一个按钮。可以使用【放置高光】工具移动或旋转选定灯光对象，在拾取的对象面上将其指向该对象。灯光与面保持初始距离。

动手操作 放置灯光

1 确保要渲染的视口处于活动状态，并且要高光显示的对象在该视口中可见。

2 选择灯光对象，在主工具栏上单击【对齐】按钮，从弹出列表中选择【放置高光】按钮，在对象上拖动以放置高光，如图 8-13 所示。

图 8-13 在对象上放置高光

3 如果放置泛光灯、自由聚光灯或平行光，3ds Max 会为鼠标指示的面显示面法线。如果放置目标聚光灯，则 3ds Max 会显示灯光的目标及其光锥基础。当法线或目标显示指示要高光显示的面时，释放鼠标即可。此时，灯光具有新的位置和方向。渲染这些视图时，可以在显示所选面的着色视口中看到高光照明。

8.1.4 太阳光和日光系统

"太阳光和日光"系统的灯光遵循太阳在地球上某一给定位置的符合地理学的角度和运动，如图 8-14 所示。在应用系统灯光后，可以选择位置、日期、时间和指南针方向，也可以设置日期和时间的动画。

图 8-14 "太阳光和日光"系统示意图

1. 关于太阳光和日光

● 太阳光：太阳的模型是一个无与伦比的光源，它可以使太阳光的入射方向恒定不变地投向场景中的所有曲面。在 3ds Max 中，可以直接指定阳光的方向和强度。或者根据地理位置、时间和天空条件设置，可以计算阳光的方向和强度。

● 日光：日光并非仅仅直接来自阳光，它还来自散射在大气中的天光。3ds Max 可以提供强大的真实感和准确性，因为它不仅计算了阳光，而且计算了散射光。

2. 区别

太阳光和日光的区别在于：

（1）太阳光使用平行光。

（2）日光将太阳光和天光相结合。太阳光组件可以是 IES 太阳光 mr 太阳，也可以是标准灯光（目标直接光）。

① IES 太阳光和 IES 天光均为光度学灯光。

② mr 太阳光和 mr 天光也是光度学灯光，但是专门在 mental ray 太阳光和天光解决方案中使用。

③ 标准灯光和天光不是光度学灯光。

 IES 太阳光是模拟太阳光的基于物理的灯光对象。当与日光系统配合使用时，将根据地理位置、时间和日期自动设置 IES 太阳光的值。IES 代表照明工程协会。

mental ray 太阳和天空解决方案专为启用物理模拟日光和精确渲染日光场景而设计。

动手操作 设置太阳光和日光

1 在【创建】面板上单击【系统】按钮，然后单击【太阳光】按钮或【日光】按钮。当创建日光系统时，如果没有有效的曝光控制，程序将提示使用对数曝光控制或 mr 摄影曝光控制，如图 8-15 所示。

2 选择要在其中创建罗盘的视口（"世界"的罗盘方向），然后设置【顶】或【透视/摄影机】视图。

图 8-15 创建日光系统的提示

3 拖动鼠标以创建罗盘的半径（该半径仅用于显示的目的），然后释放鼠标按钮并移动鼠标，设置太阳光在罗盘上的轨道缩放并单击完成操作，如图 8-16 所示。可以根据需要随意选择这一距离，因为不管平行光和 IES 太阳光的图标位于何处，它们都可产生平行照明。

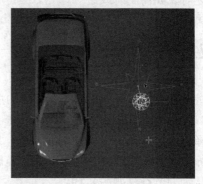

图 8-16　创建罗盘和太阳光

完成创建后，场景中有了两个对象：

(1) 罗盘，它是为太阳提供世界方向的辅助对象。

(2) 灯光自身，它是罗盘的子对象，永远对准罗盘的中心。

4 当需要设置或修改太阳光和日光的参数时，可以打开【修改】面板，通过面板上的各个控件设置参数，如图 8-17 所示。

5 如果需要制作日光系统的运动动画，可以打开【运动】面板，通过添加关键点并设置关键点下日光参数的方法创建动画，如图 8-18 所示。

图 8-17　设置太阳光和日光的参数　　　　图 8-18　制作日光系统的运动

8.2 应用材质和贴图

材质描述对象如何反射或透射灯光。在材质中，贴图可以模拟纹理、应用设计、反射、折射和其他效果，也可以用作环境和投射灯光。

8.2.1 应用材质基本流程

3ds Max 提供了各种用于设计材质的选项。在应用材质时，建议遵循以下步骤：

（1）选择要使用的渲染器并使其成为活动渲染器。在进行此步骤时，最好使用特定渲染器设计材质。

（2）选择材质类型，再使用材质编辑器。

（3）将所需类型的材质从【材质/贴图浏览器】面板拖动到活动视图中。3ds Max 在活动视图中将材质显示为节点，如图 8-19 所示。

（4）可以使用参数编辑器输入各种材质组件的设置：漫反射颜色、光泽度、不透明度等，如图 8-20 所示。

（5）将贴图指定给要设置贴图的组件并调整贴图参数。

（6）将材质应用于对象。如果材质已贴图，可以同时在视口中显示明暗处理材质，从而以交互方式查看贴图。

（7）如有必要，可以调整 UV 贴图坐标，以便正确定位带有对象的贴图。

（8）保存材质。

图 8-19　材质节点示例

图 8-20　使用参数编辑器设置参数

8.2.2 选择渲染器和材质类型

3ds Max 提供了许多渲染器。每个渲染器支持一组特定材质并具有其自身的优点。在应用材质时，最好使用特定渲染器设计材质。

1. 指定渲染器

在主工具栏中单击【渲染设置】按钮，打开【渲染设置】对话框后选择【公用】选项卡，然后打开【指定渲染器】卷展栏并指定渲染器即可，如图 8-21 所示。在对话框中，单击带有省略号的按钮可更改渲染器指定并显示【选择渲染器】对话框，如图 8-22 所示。

- 产品级：选择用于渲染图形输出的渲染器。
- 材质编辑器：选择用于渲染【材质编辑器】中示例窗的渲染器。默认情况下，示例窗渲染器被锁定为与产品级渲染器相同的渲染器。可以禁用锁定按钮来为示例窗指定另一个渲染器。
- ActiveShade：选择用于预览场景中照明和材质更改效果的 ActiveShade 渲染器。

图 8-21　指定渲染器

图 8-22　选择渲染器

2．选择材质类型

每种材质都属于一种类型。通常根据要尝试建模的内容和希望获得的模型精度（在真实世界、物理照明方面）来选择材质类型。

选择的渲染器也会影响可以使用的材质：

（1）使用 mental ray、iray 或 Quicksilver 渲染器进行物理上精准的渲染。对于物理上精准的渲染，建议使用 Autodesk Material 组中的材质。这些都是具有精确真实世界属性的常用材质（陶瓷、混凝土、硬木等）。

（2）使用扫描线渲染器进行物理上精准的渲染。可以借助光能传递，使用扫描线渲染器来产生精确的照明效果。在这种情况下，建议使用建筑材质。

（3）使用扫描线渲染器进行虚拟渲染。如果不关心物理精度，可以使用扫描线渲染器和标准材质，以及其他非光度学材质。

在决定了要使用的材质类型后，可以打开 Slate 材质编辑器，并从中选择材质类型。

即可选择【渲染】|【材质编辑器】|【Slate 材质编辑器】命令，打开【Slate 材质编辑器】窗口，如图 8-23 所示。

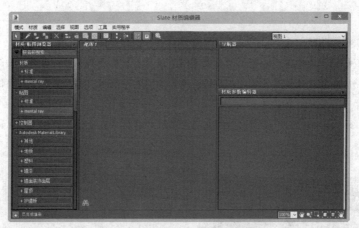

图 8-23　打开 Slate 材质编辑器

8.2.3　将材质应用于对象

要将材质应用于对象，可以执行下列操作之一：

（1）如果在材质编辑器（Slate 界面或精简界面）中选择了该材质，且在场景中选择了该对象，可以单击【将材质指定给选定对象】按钮，如图 8-24 所示。

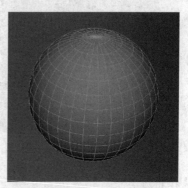

图 8-24　将材质应用于球体

（2）在【Slate（板岩）材质编辑器】中，将材质节点的输出套接字拖入视口，并将关联放在对象之上，如图 8-25 所示。

图 8-25　使用拖动的方式为对象应用材质

（3）将材质从【材质/贴图浏览器】中的库中拖出来，放在对象上。

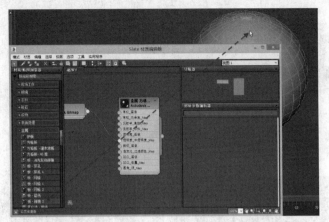

图 8-26 从【材质/贴图浏览器】中拖动材质到对象上

在将材质应用于对象时须知：

（1）应用材质将覆盖对象以前可能拥有的任何材质指定。

（2）应用材质之后，如果示例窗处于活动状态，材质就称为"热材质"，而对其所做的更改会自动影响对象。如果材质没有应用于场景中的任何对象，则称为"冷材质"。

（3）【撤销】命令可用于材质指定，即执行【撤销】命令可以取消上一步骤应用的材质。

（4）只能向对象应用一种材质。

（5）可以将相同的材质应用于场景中的多个对象。

8.2.4 将贴图指定给材质

1. 关于贴图

贴图提供图像、图案、颜色调整以及其他效果，可以将其应用于材质的可视或光学组件中。如果不使用贴图，要在 3ds Max 中设计材质将会受到限制。贴图赋予"材质编辑器"完全的灵活性，并且可以产生生动的效果。

如果需要构建一个复杂的材质，必须先构建一个"材质/贴图"树。树的根就是材质本身。分支或"子对象"就是为材质组件指定的贴图。有的贴图本身包含贴图（如应用于棋盘格贴图的一种颜色的贴图），因此树的深度可以大于两级，并且可以根据需要而不断加深。

在【Slate 材质编辑器】中，可以通过节点图形的形式查看"材质/贴图"树，如图 8-27 所示。

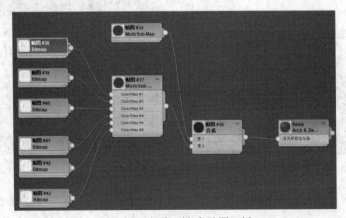

图 8-27 查看"材质/贴图"树

2. 设置贴图

大多数材质类型具有一个贴图卷展栏，通过该卷展栏可以为材质设置贴图。

动手操作　设置【Arch & Design】材质贴图

1 在【材质/贴图浏览器】面板中双击【Arch & Design】材质，将该材质显示在视图中，如图 8-28 所示。

2 在视图中双击材质本身，即可在【参数编辑器】面板中显示该材质的所有参数，如图 8-29 所示。

图 8-28　将材质显示在视图中

图 8-29　显示材质的参数

3 打开贴图卷展栏（如打开【特殊用途贴图】卷展栏），然后单击【贴图】按钮列出需要进行贴图的可视组件的名称（最初显示为【无】），打开【材质/贴图浏览器】对话框后，从贴图列表中选择贴图类型，再单击【确定】按钮即可，如图 8-30 所示。

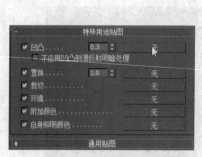

图 8-30　选择贴图

4 指定贴图后，可以在视图中双击贴图，再通过【参数编辑器】面板中修改参数，如图 8-31 所示。

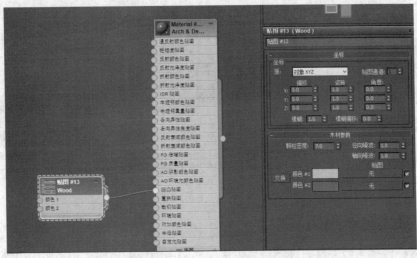

图 8-31　修改贴图的参数

8.2.5　保存材质

在将材质应用于对象时，它是场景的一部分，并且可以与场景一同保存，还可以通过将材质放入材质库来保存材质。

动手操作　在库中保存材质

1 在【Slate 材质编辑器】中，单击【材质/贴图浏览器】面板的【材质/贴图浏览器选项】按钮，然后选择【打开材质库】命令，打开文件对话框，以便可以选择将用于保存材质的库（MAT 文件），如图 8-32 所示。

图 8-32　打开材质库

2 在【材质/贴图浏览器】中，将材质从【场景材质】组拖动到库文件条目，该材质也成为库的一部分，如图 8-33 所示。

3 在【材质/贴图浏览器】面板中，右键单击库文件条目，然后选择【关闭材质库】命令。3ds Max 将询问是否要保存对库的更改，此时单击【是】按钮即可，如图 8-34 所示。

图 8-33　将材质加入到库条目

图 8-34　关闭材质库并保存更改

8.2.6　交互式查看贴图

选择对象，在对象的参数中确保已启用【生成贴图坐标】选项（如果贴图坐标没有启用，对象就不能被贴图）。在材质编辑器中，将贴图材质应用于对象，然后在材质编辑器的工具栏中单击【视口中显示明暗处理材质】按钮 ▦。对于标准、Arch & Design 或 Autodesk 材质，则可以单击【在视口中显示真实材质】按钮 ▦。贴图在所有明暗处理视口中出现在指定该材质的对象上，如图 8-35 所示。

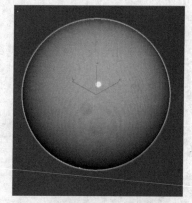

图 8-35　在视口中显示材质

　　要关闭交互式材质显示，只需取消【视口中显示明暗处理材质】按钮 ▦ 或【在视口中显示真实材质】按钮 ▦ 的按下状态即可。

8.2.7　精简材质编辑器

精简材质编辑器是一个材质编辑器界面,它使用的对话框比 Slate 材质编辑器小,如图 8-36 所示。Slate 材质编辑器在设计材质时功能更强大，而精简材质编辑器在只需应用已设计好的材质时更方便。

使用示例窗可以保持和预览材质和贴图。使用【精简材质编辑器】控件可以更改材质,还可以把材质应用于场景中的对象。要做到这点，最简单的方法是将材质从示例窗拖动到视口中的对象,如图 8-37 所示。

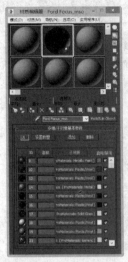

图 8-36　精简材质编辑器

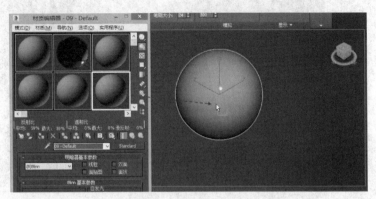

图 8-37　应用材质到对象

　　材质编辑器有 24 个示例窗。可以一次查看所有示例窗，或一次 6 个（默认），或一次 15 个。当一次查看的窗口少于 24 个时，使用滚动条可以在它们之间移动。

　　示例窗可以显示在自己的窗口中。这样做使示例窗增大，更容易预览材质。用户可以重新设置放大窗口的大小，使其更大。方法是双击示例窗或先鼠标右键单击，然后从弹出菜单中选择【放大】命令，如图 8-38 所示。

图 8-38　放大示例窗

8.3　应用渲染

　　使用渲染功能可以定义环境并从场景中生成最终输出结果。通过渲染，可以使用所设置的灯光、所应用的材质及环境设置（如背景和大气）为场景的几何体着色。

8.3.1　渲染静态图像或动画

　　1．渲染静态图像

　　激活要进行渲染的视口，单击主工具栏上的【渲染设置】按钮 。打开【渲染设置】对话框后，打开【公用】面板并在【公用参数】卷展栏上选中【时间输出】组的【单帧】单选项，然后在【输出大小】组中，设置其他渲染参数或使用默认参数，如图 8-39 所示。单击【渲染】按钮。默认情况下，渲染输出会显示在【渲染帧窗口】中，如图 8-40 所示。

图 8-39　设置渲染参数

图 8-40　执行渲染

如果不需要打开【渲染设置】对话框设置参数，则可以直接单击主工具栏的【渲染产品】按钮，或按 F9 键，使用上次设置进行渲染。

2. 渲染动画

动手操作　渲染动画

1 打开素材库中的 "..\Example\Ch08\8.3.1.max" 练习文件，激活要进行渲染的视口，再单击主工具栏上的【渲染设置】按钮。

2 在【公用参数】卷展栏上转到【时间输出】组，设置时间范围，然后在【输出大小】组中设置其他渲染参数或使用默认参数，如图 8-41 所示。

3 在【渲染输出】组中单击【文件】按钮，然后在【渲染输出文件】对话框中指定动画文件的位置、名称和类型，单击【保存】按钮，如图 8-42 所示。

图 8-41　设置时间范围

图 8-42　保存输出的文件

4 根据所选择保存的文件类型，会显示一个对话框，用于配置所选文件格式的选项。更改设置或接受默认值，然后单击【确定】继续执行操作，如图 8-43 所示。

5 返回【渲染设置】对话框中，单击【渲染】按钮即可，如图 8-44 所示。

图 8-43　设置压缩选项

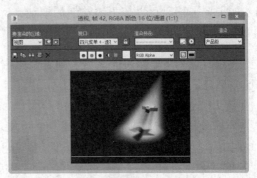

图 8-44　执行渲染动画的过程

8.3.2　使用渲染帧窗口

单击主工具栏的【渲染帧窗口】按钮，即可打开渲染帧窗口，如图 8-45 所示。

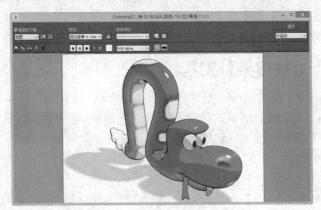

图 8-45　打开渲染帧窗口

1. 缩放和平移

要在【渲染帧窗口】中进行缩放和平移，可以执行以下操作：

（1）如果要放大，可以按住 Ctrl 键并单击，如图 8-46 所示。如果要缩小，可以按住 Ctrl 键并鼠标右键单击。

 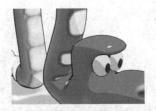

图 8-46　放大渲染视图

（2）如果要平移，可以按住 Shift 键，然后拖动。如果使用的是滚轮鼠标，则可以使用滚轮来缩放和平移。

（3）如果要缩小或放大，可以滚动鼠标滚轮。这仅在未放大时起作用。如果图像在窗口中没有完全显示，滚动滚轮会滚动图像。在这种情况下，需要使用按住 Ctrl 键并单击鼠标右键的方法来放大和缩小。

（4）如果要平移，可以按下滚轮然后拖动。

2．要渲染的区域

渲染帧窗口上的【要渲染的区域】列表用来指定将要渲染的场景部分，如图 8-47 所示。

图 8-47　指定要渲染的区域

- 视图：（默认设置）渲染活动视口。
- 选定：仅渲染当前选定的一个或多个对象。使用扫描线渲染器渲染时选择此项，可以保持渲染帧窗口其余部分完好。但是，mental ray 首先渲染背景，这样可有效地清除帧的其余部分。
- 区域：渲染活动视口内的矩形区域。使用该选项会使渲染帧窗口的其余部分保持完好，除非渲染动画，在此情况下会首先清除窗口。需要测试渲染场景的一部分时，可使用【区域】选项。
- 裁剪：使用此选项，可以通过使用为【区域】选项显示的同一个区域框，指定输出图像的大小。
- 放大：渲染活动视口内的区域并将其放大以填充输出显示。

8.3.3　使用【批处理渲染】工具

【批处理渲染】是用于描述渲染一系列任务或指定给队列的作业过程的术语。在没有监督的情况下需要渲染图像时，或想渲染大量显示不同白天或夜间照明的测试研究时，又或为生成各种太阳角度的阴影研究时，批处理渲染非常有用。在查看项目如何从不同的摄影机视点查看时也可以使用批处理渲染。

设置批处理渲染有 3 种方法：

方法 1　构建【批处理渲染】工具管理的摄影机任务的队列。

如果 MAX 文件包含一个或多个摄影机，并且将其保存在场景状态，则可以设置摄影机队列以渲染不同的摄影机视点。设置每个摄影机自动加载场景状态，以提供几个可视化的模型。

方法 2　设置一系列作业，像由 Backburner 调整的网络渲染分配一样。

如果单独的场景是单个项目的一部分或几个项目的一部分，即使正在渲染到单个计算机，也可使用网络渲染。如果没有设置的摄影机，而且要渲染【透视】、【前】、【左】或【右】视口视图，也可以使用此方法。

方法 3　使用【批处理渲染】工具设置摄影机任务的队列，以渲染不同的视图，并将它们传递到 Backburner 以便进行渲染管理。

　　Autodesk Backburner 是 3ds Max 网络渲染管理软件。使用 Backburner 进行批处理渲染是启动 3ds Max、运行 Backburner 管理器和服务器程序、指定要渲染的场景，然后进行渲染的简单方法。

动手操作 使用【批处理渲染】工具

1 打开素材库中的 "..\Example\8.3.3.max" 练习文件，选择【渲染】|【批处理渲染】命令。

2 打开【批处理渲染】对话框后，单击【添加】按钮，为批处理渲染队列添加第一个渲染任务，如图 8-48 所示。

图 8-48 添加第一个渲染任务

3 默认情况下，将摄影机参数设置为【视口】，这意味着任务将渲染活动的视口。要对设置视图进行更改，可以确保场景至少包含一个摄影机，然后从摄影机下拉列表选择要渲染的摄影机，如图 8-49 所示。

4 如果有必要，查看【选定批处理参数】设置并选择【覆盖预设值】复选框，然后更改【开始帧】、【结束帧】、【宽度】、【高度】和【像素纵横比】等设置。

5 单击【输出路径】按钮为渲染图像设置驱动器位置、文件名和文件格式，如图 8-50 所示。

图 8-49 选择要渲染的摄影机　　　　　图 8-50 设置保存文件选项

6 弹出与保存渲染文件类型对应的设置对话框后，根据需要设置相关选项，然后单击【确定】按钮，如图 8-51 所示。

7 重复步骤 2 到步骤 6 的操作，继续向批处理渲染队列添加渲染任务（根据需要），如图 8-52 所示。

图 8-51 设置渲染输出图像选项

图 8-52 添加其他渲染任务

8 设置完所有的任务后，单击【渲染】按钮，此时程序执行批次渲染。渲染完成后，可通过保存文件的目录查看效果，如图 8-53 所示。

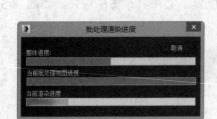

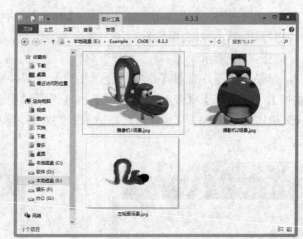

图 8-53 执行渲染并查看效果

8.4 技能训练

下面通过多个上机练习实例，巩固所学技能。

8.4.1 上机练习 1：制作灯光与投影变化动画

本例先通过【创建】面板创建灯光对象，再适当调整灯光的位置和方向，然后通过"自动关键点"模式设置灯光对象变换的关键点，从而制作出灯光投射对象产生投影变化的动画效果。

操作步骤

1 打开素材库中的 "..\Example\Ch08\8.4.1.max" 练习文件，在【创建】面板中单击【灯光】按钮，然后在下方列表框中选择【标准】选项，单击【目标聚光灯】按钮，在视口中单击并拖动创建灯光，如图 8-54 所示。

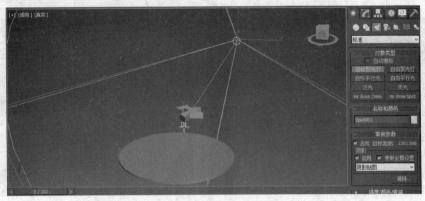

图 8-54　创建灯光对象

2 通过切换不同的视图，使用【选择并移动】工具🔀调整灯光对象，使灯光从上而下照射目标对象，如图 8-55 所示。

图 8-55　调整灯光对象

3 在视口中单击【真实】标签，选择【照明和阴影】|【用场景灯光照亮】命令，再次单击标签并选择【照明和阴影】|【阴影】命令，启用场景灯光和阴影，如图 8-56 所示。

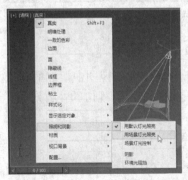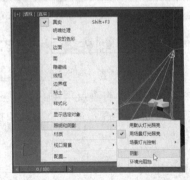

图 8-56　启用场景灯光和阴影

4 启用"自动关键点"模式，然后将时间滑块移到第 20 帧上，使用【选择并移动】工具🔀调整灯光对象的位置，如图 8-57 所示。

5 将时间滑块移到第 40 帧上，然后使用【选择并移动】工具🔀分别调整灯光对象和灯光目标对象的位置，如图 8-58 所示。

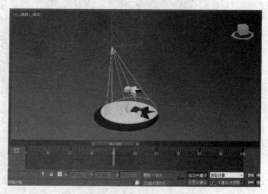

图 8-57　启用"自动关键点"模式并设置第 20 帧的灯光　　　　图 8-58　设置第 40 帧的灯光

6 使用步骤 4 和步骤 5 的方法，分别在第 60 帧、80 帧和 100 帧上调整灯光的位置，然后取消"自动关键点"模式，单击【播放动画】按钮▷，查看灯光移动而产生投影变化的动画，如图 8-59 所示。

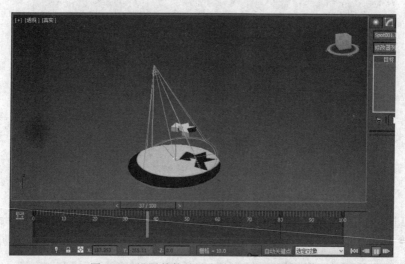

图 8-59　设置其他关键点的灯光并播放动画

8.4.2　上机练习 2：制作花钵大理石纹理效果

本例先通过【Slate 材质编辑器】将【标准】材质添加到视图中，然后将【大理石】贴图添加到视图，并指定为材质的漫反射颜色，接着将材质指定给视口的花钵对象，最后设置视口显示有贴图的真实材质，以查看最终效果。

✏️ **操作步骤**

1 打开素材库中的 "..\Example\Ch08\8.4.2.max" 练习文件，选择【渲染】|【材质编辑器】|【Slate 材质编辑器】命令，在【材质/贴图浏览器】中打开【材质】|【标准】列表，然后双击【标准】材质将其添加到视图中，如图 8-60 所示。

2 在【材质/贴图浏览器】中打开【贴图】列表，然后在【贴图】标题上单击鼠标右键并选择【将组（和子组）显示为】|【大图标】命令，以大图显示材质，如图 8-61 所示。

图 8-60　通过 Slate 材质编辑器将【标准】材质添加到视图

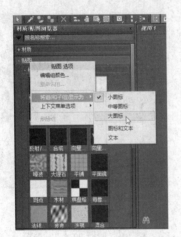

图 8-61　以大图显示材质

3 在【贴图】|【标准】列表中选择【大理石】贴图，然后将该贴图拖到视图中，再将该贴图与材质的【漫反射颜色】项连接，如图 8-62 所示。

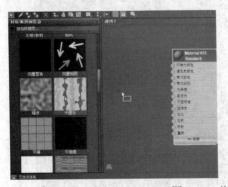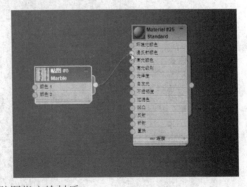

图 8-62　将贴图指定给材质

4 选择视口中的花钵对象，然后选择材质并单击【将材质指定给选定对象】按钮，为对象应用材质，如图 8-63 所示。

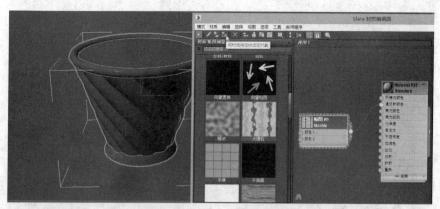

图 8-63　将材质指定给对象

5 在视口中单击【明暗处理】标签，再选择【材质】|【有贴图的真实材质】命令，并通过视口预览花钵对象应用材质的效果，如图 8-64 所示。

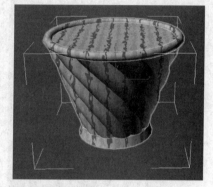

图 8-64　在视口中显示有贴图的材质效果

6 在【Slate 材质编辑器】中双击贴图，然后在【参数编辑器】面板中设置贴图的坐标角度和大理石参数，如图 8-65 所示。

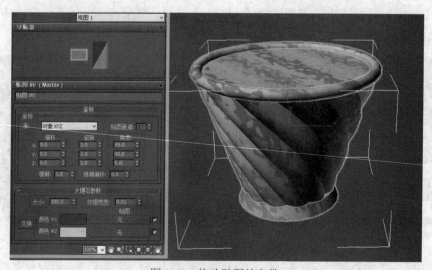

图 8-65　修改贴图的参数

8.4.3　上机练习 3：制作花钵带凹痕纹理效果

本例将通过【精简材质编辑器】获取【建筑】材质，再调整材质的环境光和反射高光设置，然后指定凹凸的贴图并设置凹痕参数，将材质应用到花钵对象上，最后渲染输出为 JPEG 格式的图像。

操作步骤

1 打开素材库中的 "..\Example\Ch08\8.4.3.max" 练习文件，选择对象，选择【渲染】|【材质编辑器】|【精简材质编辑器】命令，在材质编辑器窗口中单击【获取材质】按钮，如图 8-66 所示。

2 打开【材质/贴图浏览器】窗口后，打开【材质】|【标准】列表并双击【建筑】材质，将该材质添加到精简材质编辑器上，如图 8-67 所示。

3 在【精简材质编辑器】中打开【Blinn 基本参数】卷展栏，然后单击【环境光】上的颜色按钮。通过打开的对话框修改颜色，单击【确定】按钮，如图 8-68 所示。

图 8-66　打开精简材质编辑器并获取材质

图 8-67　选择使用建筑材质

4 返回【精简材质编辑器】中，修改【反射高光】组中的【高光级别】、【光泽度】和【柔化】参数，如图 8-69 所示。

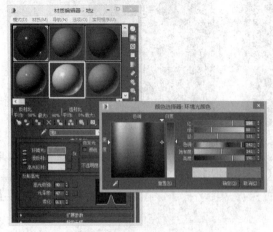

图 8-68　修改材质的环境光颜色

图 8-69　设置材质的反射高光参数

5 打开【贴图】卷展栏，选择【凹凸】复选框，再单击【无】按钮，打开【材质/贴图浏览器】窗口后，选择【凹痕】贴图，单击【确定】按钮，如图 8-70 所示。

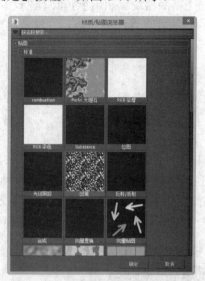

图 8-70　为材质应用凹凸贴图

6 返回【精简材质编辑器】中，打开【凹痕参数】卷展栏，然后设置大小为 500、强度为 5，接着单击【将材质指定给选定对象】按钮，将材质应用到花钵对象上，如图 8-71 所示。

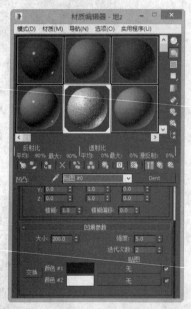

图 8-71　设置凹痕参数并应用材质到对象

7 关闭【精简材质编辑器】，然后单击【渲染设置】按钮，打开【渲染设置】对话框后，在【渲染输出】组中单击【文件】按钮，设置保存文件名称、保存类型，接着单击【保存】按钮，如图 8-72 所示。

图 8-72　指定渲染输出选项

8 打开【JPEG 图像控制】对话框后，设置图像控制选项并单击【确定】按钮，然后在【渲染设置】对话框后选择【单帧】单选项，接着单击【渲染】按钮，如图 8-73 所示。

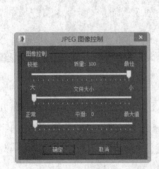

图 8-73　设置图像控制选项并执行渲染

8.4.4　上机练习 4：渲染战斗机特写场景动画

本例先在视口中创建一个目标摄影机对象，然后启用"自动关键点"模式并在不同帧上设置关键点，接着通过不同的视图为关键点设置摄像机的位置，最后切换视口为摄影机视图并执行渲染动画的处理。

操作步骤

1 打开素材库中的 "..\Example\Ch08\8.4.4.max" 练习文件，在【创建】面板中单击【摄影机】按钮，然后在下方列表框中选择【标准】选项，单击【目标】按钮，在视口中单击并拖动鼠标创建摄影机对象，如图 8-74 所示。

2 启用"自动关键点"模式，调整时间配置的结束时间为 100，然后将时间滑块移到第 21 帧上，使用【选择并移动】工具并通过使用不同视图，调整摄影机对象的位置，如图 8-75 所示。

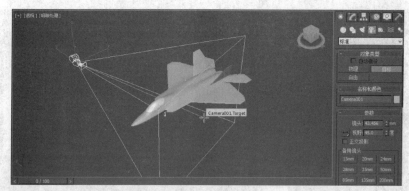

图 8-74　创建目标摄影机

3 将时间滑块移到第 40 帧上，然后调整到适合的视图，再使用【选择并移动】工具 ✛ 调整摄影机对象的位置，如图 8-76 所示。

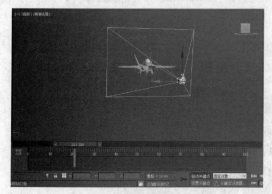

图 8-75　设置第 21 帧的摄影机

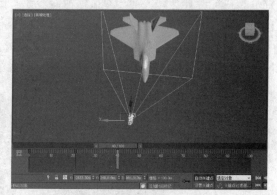

图 8-76　设置第 40 帧的摄影机

4 将时间滑块移到第 60 帧上，更改合适的视图，然后使用【选择并移动】工具 ✛ 调整摄影机对象位置，调整摄影机目标对象（正方体线框）的位置，如图 8-77 所示。

5 将时间滑块移到第 81 帧上，调整到方便调整摄影机位置的视图，再次使用【选择并移动】工具 ✛ 调整摄影机对象位置和摄影机目标对象位置，如图 8-78 所示。

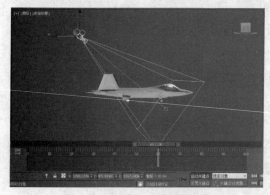

图 8-77　设置第 60 帧的摄影机

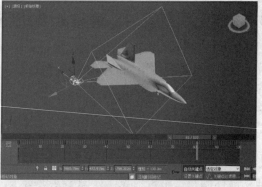

图 8-78　设置第 81 帧的摄影机

6 将时间滑块移到第 100 帧上，再次调整视图并使用【选择并移动】工具 ✛ 调整摄影机的位置，单击【自动关键点】按钮，取消"自动关键点"模式，如图 8-79 所示。

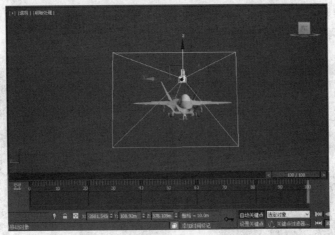

图 8-79 设置第 100 帧的摄影机

7 在视口中单击【透视】标签，然后选择【摄影机】|【Camera001】命令，切换到当前摄影机视口，单击主工具栏的【渲染设置】按钮，选择【公用】卷展栏的【范围】单选项并设置范围为 0~100，如图 8-80 所示。

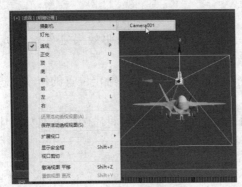 

图 8-80 切换摄影机视口并设置渲染范围

8 在【渲染输出】组中单击【文件】按钮，设置保存文件名称、保存类型，单击【保存】按钮，然后设置压缩选项，如图 8-81 所示。

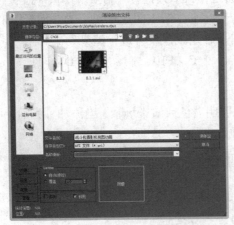 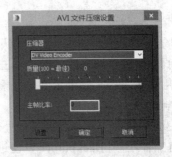

图 8-81 设置渲染输出选项

❾ 返回【渲染设置】对话框，再单击【渲染】按钮，此时程序通过【渲染帧窗口】执行渲染，渲染完成后可通过播放器播放最终效果，如图 8-82 所示。

图 8-82　执行渲染并查看效果

8.5　评测习题

1．填充题

（1）灯光是模拟实际灯光的对象，除了获得常规的照明效果之外，灯光还可以用作_____。

（2）_____系统的灯光遵循太阳在地球上某一给定位置的符合地理学的角度和运动。

（3）_____在设计材质时功能更强大，而精简材质编辑器在只需应用已设计好的材质时更方便。

2．选择题

（1）3ds Max 提供哪两种类型的灯光？　　　　　　　　　　　　　　　　（　　）

  A．物理灯光和日光　　　　　　　　　　B．物理灯光和标准灯光

  C．光度学灯光和数字灯光　　　　　　　D．光度学灯光和标准灯光

（2）在【Slate 材质编辑器】中，可以通过什么形式查看"材质/贴图"树？　（　　）

  A．层次图形　　　　B．分支图形　　　　C．节点图形　　　　D．梯形图形

（3）在 3ds Max 中，按下哪个功能键可以使用上次设置进行渲染？　　　　（　　）

  A．F6　　　　　　　B．F9　　　　　　　C．F10　　　　　　　D．F11

3．判断题

（1）当场景中没有灯光时，使用默认的照明着色或渲染场景。当添加灯光后，可以使场景的外观更逼真，增强了场景的清晰度和三维效果。　　　　　　　　　　　　　（　　）

（2）应用材质之后，如果示例窗处于活动状态，材质就称为"冷材质"，而对其所做的更改会自动影响对象。　　　　　　　　　　　　　　　　　　　　　　　　　　（　　）

（3）在 3ds Max 中，可以使用【批处理渲染】工具设置摄影机任务的队列，以渲染不同的视图，并将它们传递到 Backburner 以便进行渲染管理。　　　　　　　　　　（　　）

（4）在应用"太阳光和吸光"系统灯光后，可以选择位置、日期、时间和指南针方向，也

可以设置日期和时间的动画。 　　　　　　　　　　　　　　　　　　　　（　　）

4. 操作题

将练习文件中的【透视】视口进行渲染处理，将该视口中的猎豹渲染输出为静态图像，效果如图 8-83 所示。

图 8-83　将猎豹模型渲染输出为静态图像

操作提示

（1）打开素材库中的 "..\Example\Ch08\ 8.5.max" 练习文件，单击激活要进行渲染的【透视】视口。

（2）单击主工具栏上的【渲染设置】按钮。

（3）打开【渲染设置】对话框后，打开【公用】面板并在【公用参数】卷展栏上选中【时间输出】组的【单帧】单选项。

（4）在【渲染输出】组中单击【文件】按钮，再设置保存文件名称、保存类型为 JPEG，接着单击【保存】按钮并设置压缩选项。

（5）返回【渲染设置】对话框并单击【渲染】按钮。

参考答案

第1章

一、填充题

（1）Autodesk　　（2）欢迎屏幕

（3）模板管理器

二、选择题

（1）D　　（2）A

（3）C　　（4）B

三、判断题

（1）对　　（2）错

（3）对

第2章

一、填充题

（1）视口　　（2）场景状态

（3）三向投影

二、选择题

（1）A　　（2）C

（3）D　　（4）C

三、判断题

（1）对　　（2）错

（3）对

第3章

一、填充题

（1）构建块　　（2）圆锥体

（3）软管　　（4）AEC 扩展

二、选择题

（1）B　　（2）B

（3）C　　（4）D

三、判断题

（1）对　　（2）错

第4章

一、填充题

（1）通道　　（2）包裹器

（3）布尔运算　　（4）水滴网格

二、选择题

（1）B　　（2）C

（3）A　　（4）C

三、判断题

（1）对　　（2）错

第5章

一、填充题

（1）堆栈　　（2）编辑助手

（3）控制顶点

二、选择题

（1）C　　（2）B

（3）A　　（4）D

三、判断题

（1）错　　（2）对

（3）对

第6章

一、填充题

（1）关键点　　（2）轨迹栏

（3）控制器

二、选择题

（1）A　　（2）D

（3）C

三、判断题

（1）对　　（2）对

（3）对　　（4）错

第7章

一、填充题

（1）层次　　（2）附着约束

（3）虚拟辅助对象

（4）character studio

二、选择题

（1）D　　（2）D

（3）B

三、判断题

（1）对　　（2）错

（3）对

第8章

一、填充题

（1）投影图像

（2）太阳光和日光　　　　　　　　（3）B

（3）Slate 材质编辑器　　　　　　三、判断题

二、选择题　　　　　　　　　　　（1）对　　　　　　（2）错

（1）D　　　　（2）C　　　　　　（3）对　　　　　　（4）对